JN069770

illustrated by ヒライユキオ

もくじ CONTENTS

はじめに …… 003

第1講 諸兵種連合部隊と師団という基本単位 …… 005

編制の基礎知識 …… 011
師団という諸兵種連合部隊 …… 014
師団の基本的な編制 …… 017
師団の基本的な運用 …… 023
第1講まとめ …… 028

第2講 機甲師団への道のり …… 029

戦車による歩兵部隊の支援 …… 034
戦車部隊を主力とする諸兵種連合部隊の登場 …… 039
快速の戦車部隊を主力とする装甲師団の登場 …… 043
装甲師団の編制・装備の改善と戦闘団の編成 …… 046
第2講まとめ …… 054

第3講 コンバット・コマンドという革新 …… 055

コンバット・コマンドへの道 …… 060
コンバット・コマンドを導入した機甲師団 …… 065
第3講まとめ …… 072

第4講 用兵思想を反映した部隊編制の変化 ― 戦後のアメリカ軍 ― …… 073

大量報復戦略とペントミック師団 …… 080
柔軟反応戦略とROAD師団 …… 088
エアランド・バトルと師団86 …… 093
トランスフォーメーションと旅団戦闘団 …… 099
マルチドメイン・オペレーションズとMDTF …… 106
第4講まとめ …… 111

第5講 用兵思想を反映した部隊編制の変化 ― 戦後のソ連軍／ロシア軍 ― …… 113

第二次世界大戦末期の部隊編制と運用 …… 118
軍の規模縮小から師団編制の規模拡大へ …… 128
核戦争を考慮した師団編制の規模縮小 …… 138
通常戦争を考慮した改編と装備の近代化 …… 144
ソ連の崩壊とロシア軍の再建 …… 152
第5講まとめ …… 156

あとがきにかえて …… 158

はじめに

陸上自衛隊には「装備・編成・運用」という言い回しがある。

最初の「装備」とは、戦車や小銃、鉄帽（ヘルメット）や天幕（テント）など各種の装備品を指している。

2番目の「編成」とは、部隊の人数や装備品の数などを含む組織の構成を指している。具体例をあげると、たとえば小銃小隊は、小隊長を含む小隊本部と小銃班2～3個または小銃分隊3～4個で構成され、各小銃班は班長以下10名、小銃分隊は分隊長以下7～8名の隊員で構成される、といったことだ（厳密にいうと「編成」と「編制」では意味合いが異なるのだが、ここでは「編成」に統一する）。

最後の「運用」とは、任務を達成するために部隊を動かすことや動かし方を指しており、これには作戦や戦術なども含まれている。

要するに何が言いたいのかというと、部隊などの「編成」は、戦車や小銃などの「装備」、作戦や戦術などの「運用」と並び立つ、非常に重要な構成要素である、ということだ。

そして、このうちの「装備」については、その詳細を解説している本や雑誌が数多く出回っている。とくに銃や戦車に関しては複数の専門誌が定期刊行されているほどだ。

また「運用」については、拙著『イラストでまなぶ! 用兵思想入門』の第1巻と第2巻で、その基礎といえる部分を解説してみた（なお、ここでいう「用兵思想」とは、兵の用い方に関する思想、すなわち戦いの方法や軍隊の使い方に関するさまざまな概念の総称であり、戦術や作戦の立て方なども含まれている）。

もう少し細かくいうと、第1巻の『近世・近代編』では、ナポレオン戦争時代のクラウゼヴィッツやジョミニといった用兵思想家から第二次世界大戦時のドイツ軍による「電撃戦」までの陸上を中心とする用兵思想の発展をとりあげた。

第２巻の『現代編』では、現代の主要各国軍の用兵思想に直接影響を与えているソ連軍の作戦術、冷戦時代にアメリカ陸軍が導入した「エアランド･バトル」や、ほぼ同時期にアメリカ海兵隊が導入した「マニューバー・ウォーフェア」、そして現代のロシア軍の「ハイブリッド戦争」やアメリカ軍「マルチドメイン・オペレーションズ」といった最新の用兵思想をとりあげた。

しかし、その一方で「編成」や、それとセットになっている用兵思想を分かりやすく解説した入門書は、少なくとも日本語ではあまり見かけないように思う。銃や戦車などの「装備」というハードウェアに比べて、「運用」や「編成」というソフトウェアに対する関心はどうしても低いというのが現状だろう。

そこで本書では、『イラストでまなぶ! 用兵思想入門』のいわば番外編として、一般的な読者の関心が比較的高いであろう第二次世界大戦頃から現代までの主要国の陸軍を中心として、軍事行動の基本単位となっている部隊の編成と、その根底にある用兵上の原理原則、編成とセットになっている用兵思想などを、マンガやイラストなどを活用して分かりやすく解説していこうと思う。

なお、本書では、まずはざっくりとした全体像や抑えておくべき定説を端的に伝えることが重要と考えて、わかりやすさを優先して説明をはしょったり、異説や新説の紹介を省いたりしている部分もあること、文中で取り上げる部隊の編成、人員や装備の定数（正規の配備数のこと）などは代表例や一般例であり、時期や部隊の違いなどによって数多くの例外が存在することをご了承いただきたい。

では、前置きが長くなったが、本題に入っていこう。

田村尚也

第1講

諸兵種連合部隊と師団という基本単位

時は18世紀——

主要国の陸軍には
いろいろな種類（兵種）の
部隊があった

ザッ
ザッ
ザッ
ザッ

頭数を揃えやすい歩兵

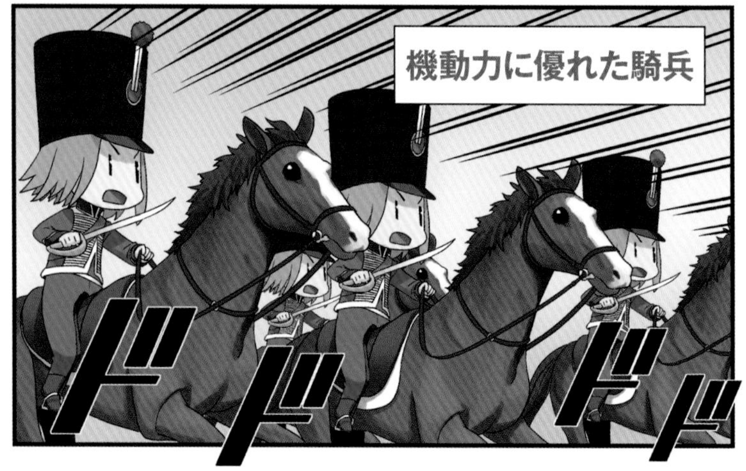

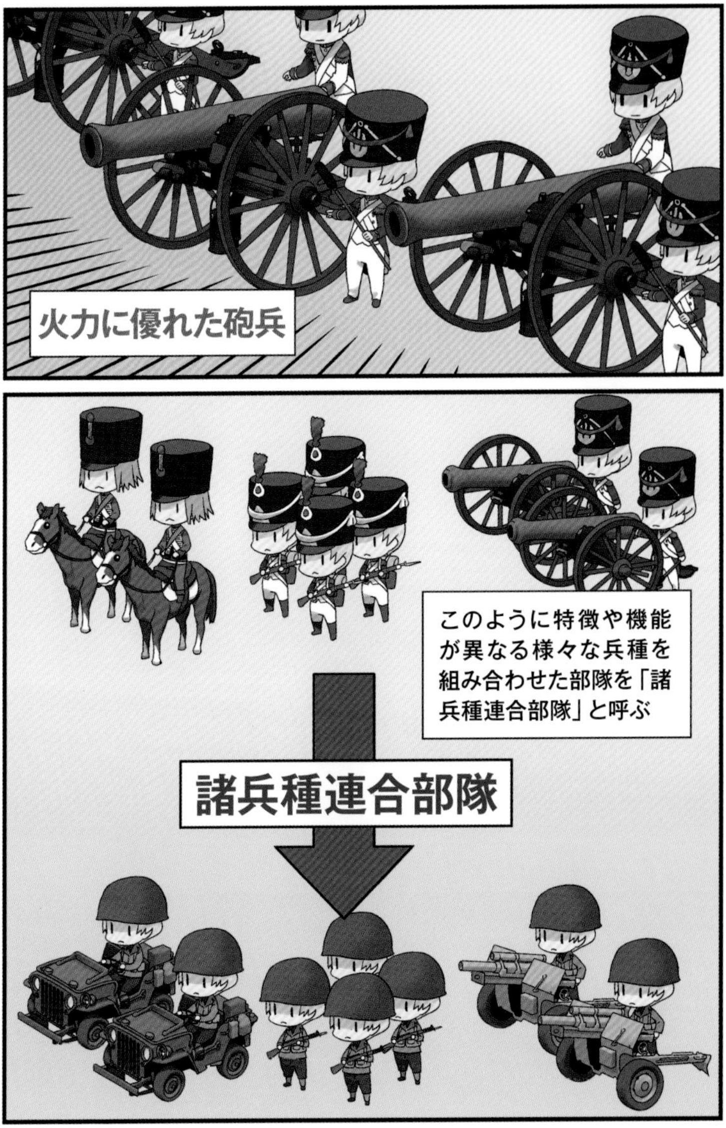

このように特徴や機能が異なる様々な兵種を組み合わせた部隊を「諸兵種連合部隊」と呼ぶ

諸兵種連合部隊

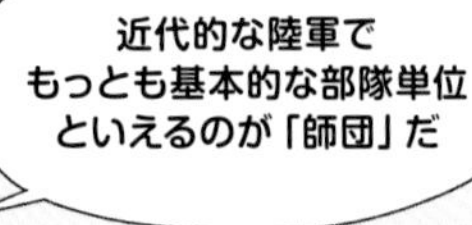

軍………… 10 ～ 30万人程度
軍団……… 3 ～ 5万人程度
師団……… 1 ～ 2万人程度
旅団…… 5,000 ～ 1万人程度
連隊……… 1,000 ～ 5,000人程度
大隊……… 500 ～ 1,000人程度

通常の師団は
「諸兵種連合部隊」だ

歩兵師団

歩兵　砲兵　工兵

「師団」には
次のページのように
様々な種類がある

空挺師団
歩兵師団
機甲師団

歩兵連隊を基幹として
諸兵種連合部隊を臨時に編成

師団司令部

- **歩兵連隊**
- **歩兵連隊**
- **歩兵連隊**
- **対戦車大隊**
  - 自動車化対戦車中隊（3.7cm対戦車砲×12）
  - 自動車化対戦車中隊（3.7cm対戦車砲×12）
  - 自動車化対戦車中隊（3.7cm対戦車砲×12）
  - 自動車化軽対空砲中隊（2cm対空機関砲×12）
- **砲兵連隊**
  - 砲兵大隊（10.5cm軽野戦榴弾砲×12）
  - 砲兵大隊（10.5cm軽野戦榴弾砲×12）
  - 砲兵大隊（10.5cm軽野戦榴弾砲×12）
  - 砲兵大隊（15cm重野戦榴弾砲×12）
- **偵察大隊**
  - 騎兵中隊
  - 自転車化偵察中隊
  - 自動車化重装備偵察中隊（7.5cm軽歩兵砲×2、3.7cm対戦車砲×3）
- **工兵大隊**
  - 工兵中隊（火炎放射器×3）
  - 工兵中隊（火炎放射器×3）
  - 自動車化工兵中隊（火炎放射器×3）
  - 自動車化架橋段列
  - 自動車化軽工兵段列
- **通信大隊**
  - 自動車化無線中隊
  - 半自動車化有線中隊
  - 自動車化通信軽段列
- **野戦補充大隊**
- **補給隊**
- **管理隊**
- **衛生隊**
- **獣医中隊**
- **野戦憲兵隊**
- **野戦郵便局**

※主力の歩兵連隊と支援の砲兵大隊、自動車化対戦車中隊、工兵中隊の数が同じ

編制の基礎知識

編制と編成

第1講では、編制に関する基礎的な知識から解説していこうと思う。

最初は「編制」と「編成」のちがいについてだ。

一般的には、「編成」とは、多くの人や物を集めて何かを組み立てること意味し、予算や番組の組み立てなど、軍事以外のことにも使われる。また「編成する」という動詞の語幹としても使われる。

これに対して「編制」は、軍隊の組織、階級ごとの人数、装備品の数などを定める場合に使われ、定められた組織の状態を表す時にも使われる。ただし「編制する」のように動詞の語幹として使うことはできない。

ここで歴史的な資料をひとつあげると、第二次世界大戦前の1923年（大正12年）に日本陸軍の教育機関のひとつである陸軍大学校がまとめた『兵語之解』という本では、以下のように説明されている（当たり前の話だが日本語の近代的な軍事用語の多くに日本軍が関わっている）。

まず「編制」については「勅令によって定められた国軍の永続性を有する組織を編制という」とある。勅令とは、当時の陸海軍の最高指揮官である天皇の公式な命令のことだ。

また「編成」については「ある目的のため、所要の編制をとらしめること、あるいは臨時に定めるところによって部隊を編合組成することを編成という」とある。

簡単にいうと、「編制」とは永続的なものであり、「編成」とは臨時のもの、または部隊の編合組成することをいう。使い方の一例をあげると「正規の編制を崩して臨時に編成した部隊」といった具合だ（本書冒頭の「はじめに」では「編成」に統一したが、その多くは「編制」であることがお分かりいただけたであろうか）。

まずは「編制」は永続的な正規のもの、「編成」は一時的な臨時のもの、と覚えておけば十分だ。なお、読みはどちらも「へんせい」なので、聞いただけでは区別できない。そこで日本軍では、編制を「へんだて」、編成を「へんなり」と呼んで区別することもあった。

おもな編制単位とおおまかな規模

いろいろな部隊の規模の目安
（時代や国、兵種などによって大きく異なる）

軍集団、方面軍など20万人程度～
軍……10～30万人程度
軍団…3～5万人程度（陸上自衛隊の方面隊に相当）
師団…1～2万人程度
旅団…5,000～1万人程度
連隊…1,000～5,000人程度
大隊…500～1,000人程度
中隊…100～250人程度
小隊…20～50人程度

※人数はおおよその目安

次に、近代的な陸軍における部隊の編制単位を見ていこう。

一般的な編制単位を規模の順に並べると、表のようになる。ただし、部隊の規模については、国や時期などによって大きく異なるので、あくまでも目安程度に思ってほしい。また、国や時期、担当方面などによっては、「軍集団」や「方面軍」の上に「総軍」を置くなどの例外もある。

しかし、これらの編制単位の上下関係が入れ替わることは無いと思ってよい。たとえば、「軍」が「軍団」の指揮下に入ったり、「軍団」が「師団」の指揮下に入ったりすることは通常ありえない。

その一方で、国や時期などによっては、途中の指揮階梯が存在しないこともよくある。たとえば第二次世界大戦中の日本陸軍には、「軍」と「師団」の間に「軍団」結節が無く、「軍」はいくつかの「師団」を基幹とすることが多かった。ちなみに、現在の陸上自衛隊も「軍団」結節が無く、「師団」や「旅団」の上には「方面隊」が置かれている。

これらの編制単位の中で、もっとも基本的な編制単位といえるのが「師団」だ。

1991年に東西両陣営間の「冷戦」が終結したあと、一時は「ミニ師団」といえる「旅団」を基本的な編制単位とすることも流行したが、最近は「師団」という編制単位が見直されつつある。

そこで本書では、この「師団」を中心として、その編制とセットになっている用兵思想を解説していこうと思う。

師団という諸兵種連合部隊

師団の起源

ここで師団の起源についてざっと見ておこう。

18世紀のフランス軍の軍事教官であるピエール＝ジョゼフ・ブールセ（1700～80年）は、山地における戦いで、自軍をいくつかの部隊に分割して複数の経路を使って進撃させることを考えた。

その分割された部隊は、山道などを単独で行動中に敵部隊と遭遇しても独力で戦闘を行なえるように、歩兵、騎兵、砲兵など特徴や機能が異なる兵種を組み合わせた「諸兵種連合部隊」（くわしくは後述する）であることが求められた。

この部隊は「分割」を意味する「ディヴィズィヨン（師団）」と呼ばれ、フランス陸軍では1760年代に師団という編制単位が導入されることになる。そして、この師団編制は世界各国の陸軍で導入されるようになり、やがて基本的な編制単位となっていく。

諸兵種連合部隊とは？

次に、「諸兵種連合部隊」（英語では「コンバインド・アームズ」と呼ぶ）という概念を見てみよう。

前述のように師団編制が登場した18世紀後半頃、歩兵は、騎兵や砲兵に比べると養成が楽で維持経費も安いので、頭数を増やしやすく、部隊の耐久力を比較的容易に大きくできた。そのため、主要各国の陸軍では、この歩兵部隊が主力であった。

騎兵は、歩兵に比べると機動力が高く、とくに軽装備の軽騎兵はその軽快さを生かして偵察や側面の警戒などに活用されていた。また、胸甲（胸につける鎧）などを身に着ける重装備の重騎兵は、密集突撃によって衝撃力を発揮し、しばしば戦闘のゆくえを決定づけた。しかし、多数の馬を必要とする騎兵部隊は、歩兵部隊にくらべて維持に必要な経費が非常に高かった。

砲兵部隊は、歩兵部隊や騎兵部隊よりも火力が格段に大きい。しかし、機動力が低く、経費が高い。通常の砲兵部隊のように火砲を馬で牽くだけでなく、砲員も馬に乗る騎砲兵部隊は、高い機動力を発揮できたが、通常の砲兵部隊や騎兵部隊よりもさらに経費がかかった。

このように特徴や機能が異なるいろいろな兵種をひとつに組み合わせた部隊を「諸兵種連合部隊」と呼ぶ。

繰り返しになるが、前述のフランス軍の「ディヴィズィヨン（師団）」は、山道などを単独で行動中も独力で戦闘できるように、特徴や機能が異なる兵種を組み合わせた「諸兵種連合部隊」であることが求められたのだ。

さまざまな師団

通常の師団は、さまざまな兵種の部隊をひとつに組み合わせた「諸兵種連合部隊」だ。ただし、主力となっている部隊の兵種や装備、機能などのちがいによって、さまざまな種類がある。

歩兵師団は、歩兵部隊を主力とする師団であり、これから述べる自動車化や機械化が進むまで、世界各国の陸軍でもっとも一般的な師団だった。

騎兵師団は、騎兵部隊を主力とする師団だ。ただし、第二次世界大戦の少し前くらいから、馬の代わりにオートバイや野戦車、装甲車（これら車輪を備えた車輌をまとめて装輪車と呼ぶ）や快速の戦車（騎兵戦車とも呼ばれる）などが配備されて機械化されるようになり、機械化師団や機甲師団などに改編（編制を変えること）されて消滅していった。

歩兵師団も、騎兵師団と同様に、第二次世界大戦の少し前くらいから、トラックや野戦車などが配備されて自動車化されたり、前が車輪で後ろが無限軌道（いわゆるキャタピラ。履帯とも呼ばれる）の半装軌式（英語ではハーフトラックと呼ばれる）や全装軌式（いわゆるキャタピラ式）の装甲兵員輸送車や牽引車などが配備されて機械化されたりしていった。そして、トラックなどの自動車に乗る歩兵師団を自動車化歩兵師団と呼び、半装軌車や全装軌車などに乗る歩兵師団を機械化歩兵師団と呼んで区別するようになった。

山岳師団は、山岳地帯での行動に適した装備を持つ師団だ。軽装備の歩兵部隊を主力としていることが多く、国や時代によっては一般の歩兵とは別に山岳兵が兵科として独立していることもある(一般に「兵種」よりも「兵科」の方が部門の独立性が高い)。

空挺師団は、落下傘（パラシュート）による降下や、第二次世界大戦時はグライダー、大戦後はヘリコプターなどによる降着が可能な装備を持つ師団だ。「空挺」とは「空中挺進」の略で、その中の「挺進」とは他に先んじて進むことを意味している。

機甲師団は、戦車部隊を主力とする師団で、これも第二次世界大戦の少し前くらいから編成されるようになった。「機甲」とは「機械化装甲」の略だ（くわしくは第2講で述べる)。

国や言語によって異なる名称と訳語

これらの師団の正式な名称は、国と言語によって異なり、日本での訳語も異なることが少なくない。

具体例をあげると、第二次世界大戦時に戦車を主力とする師団を、日本軍は「戦車師団」と呼称していたが、ドイツ軍は「Panzer Division」と呼んでおり「装甲師団」が定訳となっている。同様に、アメリカ軍は「Armored Division」、イギリス軍は「Armoured Division」と呼んでおり、いずれも「機甲師団」と訳されることが多い。また、ソ連軍／ロシア軍は「Танковая дивизия」と呼んでおり、「戦車師団」と訳される（なお、本書では、これらの師団を総称して「機甲師団」と呼び、この種の部隊を総称して「機甲部隊」と呼ぶことにする)。

ちなみに、アメリカ軍には現在も第1騎兵師団が存在している。ただし、馬に乗る騎兵部隊は所属しておらず、伝統的な名称だけが残されているものの、実質的には機甲師団となっている。このように、歴史的な名称と編制の実態が合っていない、といった例外もある。

師団の基本的な編制

4単位師団から3単位師団へ

次に、第二次世界大戦までの歩兵師団を例に、師団の基本的な編制と、セットになっている用兵思想を見ていこう。

話は第一次世界大戦の初期までさかのぼる。当時の主要各国軍の歩兵師団は、イギリス軍など若干の例外を除いて、歩兵連隊2個を基幹とする歩兵旅団2個、つまり師団全体では歩兵連隊計4個を主力とする編制が主流だった。これを「4単位師団」(英語では「スクエア・ディヴィジョン」)と呼ぶ。なお、前述の陸上自衛隊の旅団は「ミニ師団」といえる諸兵種連合部隊だが、こちらの歩兵旅団は基本的には歩兵という単一兵種で構成されていた。

第一次世界大戦時のドイツ軍の歩兵師団も、当初は「4単位師団」を基本としていたが、大戦中に膨大な将兵を消耗する中で、作戦時の基本単位の増加なども考えて、歩兵連隊3個を主力とする編制を導入。次いでフランス軍の歩兵師団も、同様の理由で歩兵連隊3個を主力とする編制を導入した。これを「3単位師団」(英語では「トライアンギュラー・ディヴィジョン」)と呼ぶ。

そして、のちの第二次世界大戦では、主要各国軍で3単位師団が主流となった。ただし、たとえば日本軍では3単位師団と4単位師団が混在するなど、例外も少なくなかった。

ドイツ軍の歩兵師団の編制例

ここで第二次世界大戦初期のドイツ軍の歩兵師団を例に、師団編制のもう少し細かい中身を見ていこう。

この「39年型」歩兵師団(「39年」とは1939年を意味している)の編制は、個々の師団ごとに多少の差異はあるものの、大枠では共通のものになっている。具体的にいうと、師団司令部のもと、主力の歩兵連隊3個、これを支援する砲兵連隊、偵察大隊、対戦車大隊、工兵

第1講 第2講 第3講 第4講 第5講

一般的な歩兵師団の編制

4単位師団では4個、3単位師団では3個の歩兵連隊が基幹（主力）となる

4単位師団
Square Division

3単位師団
Triangular Division

歩兵連隊　歩兵連隊　歩兵連隊　歩兵連隊

歩兵旅団　歩兵旅団

歩兵連隊　歩兵連隊　歩兵連隊

第二次世界大戦時の歩兵師団の編制例 ドイツ軍の39年型歩兵師団

（主要部隊のみ）

師団司令部

- 歩兵連隊
- 歩兵連隊
- 歩兵連隊
- **対戦車大隊**
  - 自動車化対戦車中隊（3.7cm対戦車砲×12）
  - 自動車化対戦車中隊（3.7cm対戦車砲×12）
  - 自動車化対戦車中隊（3.7cm対戦車砲×12）
  - 自動車化軽対空砲中隊（2cm対空機関砲×12）
- **砲兵連隊**
  - 砲兵大隊（10.5cm軽野戦榴弾砲×12）
  - 砲兵大隊（10.5cm軽野戦榴弾砲×12）
  - 砲兵大隊（10.5cm軽野戦榴弾砲×12）
  - 砲兵大隊（15cm重野戦榴弾砲×12）
- **偵察大隊**
  - 騎兵中隊
  - 自転車化偵察中隊
  - 自動車化重装備偵察中隊（7.5cm軽歩兵砲×2、3.7cm対戦車砲×3）
- **工兵大隊**
  - 工兵中隊（火炎放射器×3）
  - 工兵中隊（火炎放射器×3）
  - 自動車化工兵中隊（火炎放射器×3）
  - 自動車化架橋段列
  - 自動車化軽工兵段列
- **通信大隊**
  - 自動車化無線中隊
  - 半自動車化有線中隊
  - 自動車化通信軽段列
- 野戦補充大隊
- 補給隊
- 管理隊
- 衛生隊
- 獣医中隊
- 野戦憲兵隊
- 野戦郵便局

※歩兵連隊と各支援部隊が同数の編制になっていることに注意！

大隊、通信大隊、それに補充兵をプールしておく野戦補充大隊や補給隊、管理隊、衛生隊などの後方支援部隊など、特徴や機能が異なるさまざまな兵種の部隊を組み合わせた「諸兵種連合部隊」だ。

各歩兵連隊は、連隊本部のもと、歩兵大隊3個を主力として、15cm重歩兵砲や7.5cm軽歩兵砲を装備する歩兵砲中隊、3.7cm対戦車砲を装備する自動車化対戦車砲中隊などが所属していた。後述するように、歩兵師団には砲兵連隊や対戦車大隊も所属しているのだが、歩兵連隊の自前の支援火力や対戦車火力として歩兵砲中隊や対戦車砲中隊も所属していたのだ。なお、味方の徒歩移動の歩兵大隊に支援砲撃を提供する歩兵砲は馬匹による牽引が、敵の戦車や装甲車などに対処する対戦車砲は自動車による牽引が、それぞれ基本とされていた。

砲兵連隊は、連隊本部のもと、10.5cm軽野戦榴弾砲を装備する砲兵大隊3個と、15cm重野戦榴弾砲を装備する砲兵大隊1個が所属していた（加えて砲撃の着弾観測などを担当する観測大隊が所属している砲兵連隊も少数あった）。

歩兵連隊の編制例 ドイツ軍の39年型歩兵師団

連隊本部

- **歩兵大隊**
  - 歩兵中隊
  - 歩兵中隊
  - 歩兵中隊
  - 重火器(機関銃)中隊(8cm迫撃砲×6、重機関銃×12)
- **歩兵大隊**
  - 歩兵中隊
  - 歩兵中隊
  - 歩兵中隊
  - 重火器(機関銃)中隊(8cm迫撃砲×6、重機関銃×12)
- **歩兵大隊**
  - 歩兵中隊
  - 歩兵中隊
  - 歩兵中隊
  - 重火器(機関銃)中隊(8cm迫撃砲×6、重機関銃×12)
- **歩兵砲中隊**（15cm重歩兵砲×2、7.5cm軽歩兵砲×6）
- **自動車化対戦車砲中隊**（3.7cm対戦車砲×12）
- **軽歩兵段列**

※歩兵大隊3個を基幹としており、連隊の直轄部隊として歩兵砲中隊や対戦車砲中隊などがある。

10.5cm軽野戦榴弾砲は、軽量で取り扱いは楽だが、15cm重野戦榴弾砲にくらべて射程が短く威力が小さい。逆に15cm重野戦榴弾砲は、重量が大きく取り扱いは大変だが、10.5cm軽野戦榴弾砲にくらべて射程が長く威力も大きい。これらの火砲は、歩兵師団では基本的に馬匹牽引だった。

砲兵連隊の編制例 ドイツ軍の39年型歩兵師団

連隊本部

砲兵大隊	砲兵大隊	砲兵大隊	砲兵大隊	観測大隊
軽野戦榴弾砲中隊（10.5cm軽野戦榴弾砲×4）	軽野戦榴弾砲中隊（10.5cm軽野戦榴弾砲×4）	軽野戦榴弾砲中隊（10.5cm軽野戦榴弾砲×4）	重野戦榴弾砲中隊（15cm重野戦榴弾砲×4）	自動車化観測中隊
軽野戦榴弾砲中隊（10.5cm軽野戦榴弾砲×4）	軽野戦榴弾砲中隊（10.5cm軽野戦榴弾砲×4）	軽野戦榴弾砲中隊（10.5cm軽野戦榴弾砲×4）	重野戦榴弾砲中隊（15cm重野戦榴弾砲×4）	自動車化火光標定中隊
軽野戦榴弾砲中隊（10.5cm軽野戦榴弾砲×4）	軽野戦榴弾砲中隊（10.5cm軽野戦榴弾砲×4）	軽野戦榴弾砲中隊（10.5cm軽野戦榴弾砲×4）	重野戦榴弾砲中隊（15cm重野戦榴弾砲×4）	自動車化音源標定中隊
砲兵段列	砲兵段列	砲兵段列	砲兵段列	自動車化観測気球中隊

※軽量だが射程の短い軽野戦榴弾砲は直接支援任務、長射程だが大重量の重野戦榴弾砲は全般支援任務を担当。観測大隊を欠く連隊が多かった。

対戦車大隊（のちに戦車駆逐大隊に改称される）は、3.7cm対戦車砲を装備する自動車化対戦車中隊3個と、2cm対空機関砲を装備する自動車化対戦車砲中隊1個が所属していた。この対戦車砲大隊は、敵の戦車や装甲車が師団の担当地域のどこを攻撃してきても迅速に移動して対処できるように、部隊全体が自動車化されることになっていた。

工兵大隊は、火炎放射器や爆破器材などを装備する工兵中隊3個を主力としていた。重量の大きい工兵器材の輸送を考えると完全に自動車化したいところだが、1個中隊程度にとどまっていた。したがって、これから述べるように乗馬や自転車化あるいは自動車化されている偵察大隊に工兵部隊を随伴させる場合には、この自動車化された工兵中隊から派出されることが多かった。

偵察大隊は、騎兵中隊、自転車化偵察中隊、4輪の軽装甲車に加えて7.5cm軽歩兵砲や3.7cm対戦車砲を装備する自動車化重装備偵察中隊各1個を主力としていた。つまり、徒歩移動の歩兵部隊よりも機動力が高く、自前の支援火力や対戦車火力も備えており、小さいながらもある程度独力で戦闘できる能力を備えていたのだ。

偵察、対戦車、工兵大隊の編制例 ドイツ軍の39年型歩兵師団

偵察大隊
騎兵中隊
自転車化偵察中隊
自動車化重装備偵察中隊
(7.5cm軽歩兵砲×2、3.7cm対戦車砲×3)

対戦車大隊
自動車化対戦車中隊(3.7cm対戦車砲×12)
自動車化対戦車中隊(3.7cm対戦車砲×12)
自動車化対戦車中隊(3.7cm対戦車砲×12)
自動車化軽対空砲中隊(2cm対空機関砲×12)

工兵大隊
工兵中隊(火炎放射器×3)
工兵中隊(火炎放射器×3)
自動車化工兵中隊(火炎放射器×3)
自動車化架橋段列
自動車化軽工兵段列

師団編制の原則

次に、師団編制の原則を見ていこう。

通常の師団編制では、主力となる部隊の数と、それを支援する部隊の数が、基本的には合致するようになっている。つまり、「3単位師団」では各兵種の部隊が3個ずつ、「4単位師団」では各兵種の部隊が4個ずつ、それぞれ編合されているわけだ。

具体例をあげると、ドイツ軍の「39年型」歩兵師団では、主力の歩兵連隊3個に、たとえば対戦車砲大隊は自動車化対戦車中隊を1個ずつ、工兵大隊は工兵中隊を1個ずつ、それぞれ割り当てることができるような編制になっている。

砲兵連隊は、各歩兵連隊に、それぞれ使い勝手のよい10.5cm軽野戦榴弾砲を装備する砲兵大隊を1個ずつ割り当てるとともに、長射程で大威力の15cm重野戦榴弾砲を装備する砲兵大隊で敵戦線後方の司令部や通信施設といった重要目標を砲撃できるような編制になっている。

なお、味方の歩兵部隊などに支援砲撃を提供して直接的に支援することを「直接支援」(英語では「ダイレクト・サポート」略して「DS」)、敵の司令部などを砲撃して間接的に支援することを「全般支援」(同「ジ

ェネラル・サポート」略して「GS」）と呼ぶ。そして「3単位師団」の砲兵連隊では、DS大隊3個＋GS大隊1個の計4個大隊、「4単位師団」の砲兵連隊ではDS大隊4個＋GS大隊1個の計5個大隊、という編制が基本となる。

師団編制の原則の例外

逆にいうと、主力となる部隊の数とそれを支援する部隊の数が合致しない場合には、必要な装備や訓練された兵員の不足などの理由から、やむを得ずそうなっていることが多い。

第二次世界大戦時の実例をあげると、日本軍がマレー攻略作戦に投入した第18師団は、歩兵旅団2個（歩兵連隊2個基幹）を主力とする4単位師団だった。同師団隷下の野砲兵第24連隊は、DS大隊2個＋GS大隊1個という編制で、2個ある歩兵旅団にそれぞれDS大隊を割り当てることができる編制になっていた。

一方、日本軍がフィリピン攻略作戦に投入した第16師団は、歩兵団隷下の歩兵連隊3個を主力とする3単位師団だった。そして同師団隷下[*1]の野砲兵第22連隊は、DS大隊2個（うち1個大隊のみ自動車化）＋GS大隊1個という編制だった。したがって、歩兵連隊3個のうち2個を前線に投入して残り1個を予備にすると、前線の歩兵連隊にはDS大隊を割り当てられるが、予備の歩兵連隊にはDS大隊を割り当てることができない。できるなら、3個ある歩兵連隊のすべてにDS大隊を割り当てられるような編制にしたいところだ。

それでも、4単位師団である第18師団では歩兵旅団1個＝歩兵連隊2個にDS大隊1個という割合なのに対して、3単位師団の第16師団では前線の歩兵連隊1個にDS大隊1個という割合になるので、前線の歩兵連隊に限れば1個連隊あたりの砲撃支援の密度は向上していることになる。

*1：正規の編制で永続的に所属している下級部隊のこと。

師団の基本的な運用

カンプグルッペやRCT、支隊

さて、ここで話を第二次世界大戦時のドイツ軍の歩兵師団に戻すと、前線ではしばしば歩兵連隊を基幹として、砲兵大隊（DS大隊）、対戦車中隊、工兵中隊など他兵種の部隊を一時的に編合して歩兵連隊長の指揮下に入れた「戦闘団」（ドイツ語で「カンプグルッペ」）を臨時に編成して戦った。

また、ドイツ以外の主要各国軍でも、たとえばアメリカ軍は歩兵連隊などを基幹とする「連隊戦闘団」（レジメンタル・コンバット・チーム、略してRCT）を編成したし、日本軍の歩兵師団は歩兵連隊などを基幹とする「支隊」をしばしば編成して戦った（歩兵連隊以外を基幹とすることもあった）。そして現代の陸上自衛隊も、師団や旅団に所属する普通科連隊（他国軍でいう歩兵連隊のこと）などを基幹としてRCTを編成して戦う訓練を実施している。

ところで、読者の方々の中には、このように連隊を基幹として各兵種の部隊を一時的編合した諸兵種連合部隊を臨時に編成するのではなく、はじめから連隊規模の諸兵種連合部隊を恒久的に編成しておけばいい、と思われる方もおられるかもしれない。

たしかに戦闘だけを考えるならば、最初から同じ部隊にいる方が、互いに気心の知れた関係を作れるので、戦闘時の連携もスムーズになるし、部隊の団結心も強くできるだろう。

しかし、一般の歩兵が使用する小銃や機関銃などよりも複雑な火砲や車輌などの装備は、その取り扱いに高い専門性を要求される。そのため、一般の歩兵とは異なる専門的な教育や訓練が必要になるし、師団よりも規模が小さい連隊にそれぞれ必要な整備機能を持たせる必要が出てくるなど、維持管理上の手間が増えることになる。

要するに第二次世界大戦頃の主要各国軍では、恒久的な諸兵種連合部隊である師団内で、一時的な諸兵種連合部隊であるカンプグルッペやRCTを臨時に編成するということが、戦闘などにおけるメリット

歩兵連隊

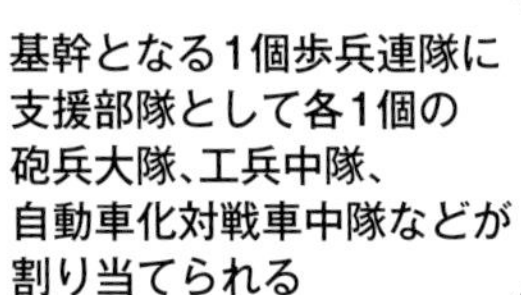

支援

支援

自動車化
対戦車中隊

砲兵大隊

工兵中隊

と維持管理などにおけるデメリットの一種のバランス点だったのだ。

4単位師団と3単位師団の運用

この講の最後に、4単位師団と3単位師団の編制の差による運用の違いを見ていこう。

たとえば歩兵師団の作戦時に、1単位（前述のカンプグルッペやRCT）を予備として後方に置くと、4単位師団では残りの3単位＝全体の75%の戦力を前線に投入できるのに対して、3単位師団では残りの2単位＝全体の66%の戦力しか前線に投入できない。

そして攻撃の場合、4単位師団では、1単位を予備にしたうえで、2単位で敵の正面から攻撃しつつ1単位を敵の側面や背後に迂回させて包囲する、といったことも可能だ。もし、攻撃がうまくいかなかったら予備の1単位を増援として送り込んで攻撃を強化することもできる

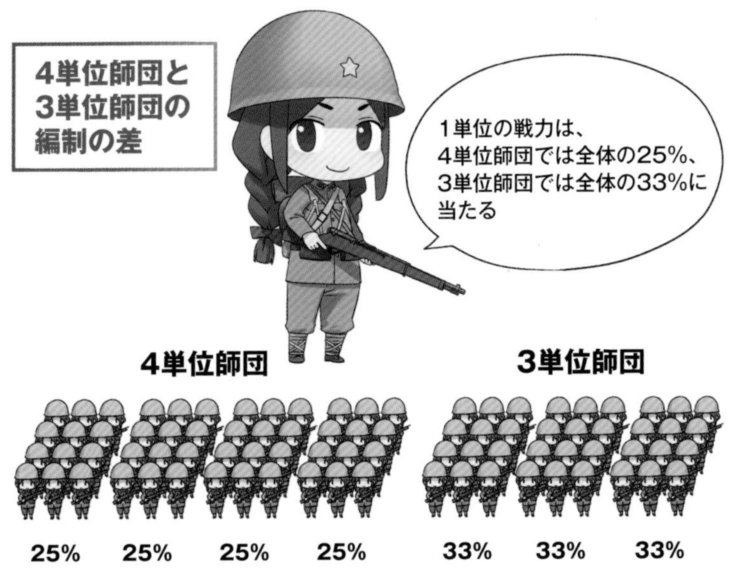

し、攻撃がうまくいって敵が後退を始めたら予備の1単位を送り込んで敵を追撃し戦果を拡張することもできる。

また防御の場合、仮に敵部隊に正面と左右両面の3方面から攻撃されても、それぞれの方面に各1単位を充てたうえで、残りの1単位を予備にできる。もし、どこかの方面を敵部隊に突破されそうになったら予備の1単位を増援できるし、いずれかの方面で敵部隊を撃退できたら予備の1単位を投入して逆襲に転じることも可能だ。

つまり、個々の師団のレベルで見ると、損害への耐久性や運用の柔軟性では3単位師団よりも4単位師団の方が優れているのだ。

その一方で、主力の歩兵連隊の規模に大きな差がなければ、3単位師団は4単位師団よりも人員や火器の数が少なく規模が小さいので、より軽快に機動できるし、補給の負担も少ない。火力の低下に関しては、機関銃の増加や火砲の近代化などの装備の改善によって、ある程度はおぎなえる。

そして当たり前の話だが、陸軍全体の総兵力が同じならば、4単位師団よりも3単位師団の方が師団の総数＝作戦時の基本単位の数を増やすことができる。そのため、各軍団や軍に所属する師団の数を増やしたり、軍団や軍の数を増やしたりできるので、軍団や軍レベル以上での運用の柔軟性が増すことになる。

こうした理由から、主要各国軍で3単位師団が主流になっていったのだ。

4単位師団の運用例

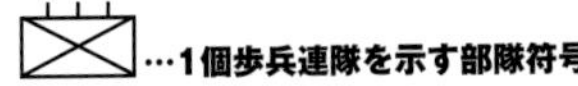
…1個歩兵連隊を示す部隊符号

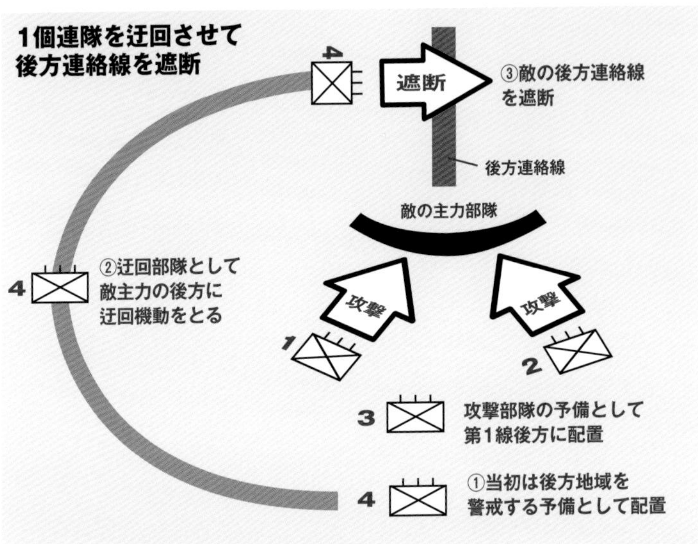
1個連隊を迂回させて
後方連絡線を遮断
4
遮断
③敵の後方連絡線
を遮断
後方連絡線
敵の主力部隊
4
②迂回部隊として
敵主力の後方に
迂回機動をとる
攻撃
攻撃
1
2
3
攻撃部隊の予備として
第1線後方に配置
4
①当初は後方地域を
警戒する予備として配置

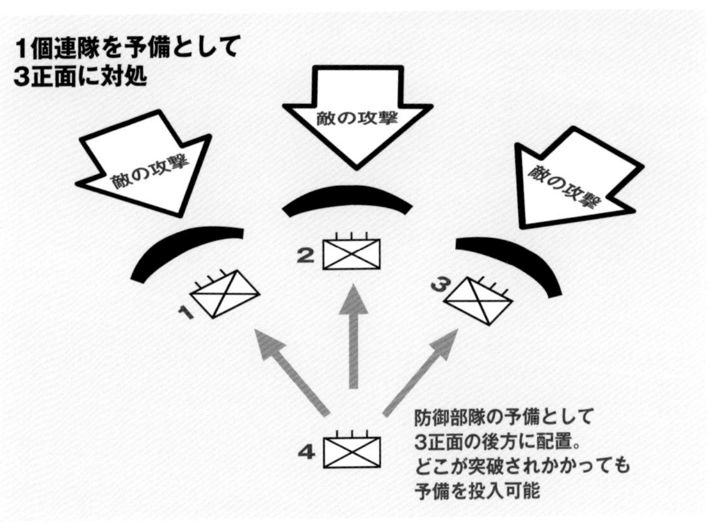
1個連隊を予備として
3正面に対処
敵の攻撃
敵の攻撃
敵の攻撃
2
1
3
4
防御部隊の予備として
3正面の後方に配置。
どこが突破されかかっても
予備を投入可能

第1講まとめ

①陸軍のさまざまな編制単位の中で、もっとも基本的な編制単位といえるのが「師団」。

②さまざまな兵種の部隊を組み合わせてひとつにまとめた部隊を「諸兵種連合部隊」と呼ぶ。

③通常の「師団」は「諸兵種連合部隊」であり、主力の兵種や装備などが異なるさまざまな師団がある。

④通常の師団編制では、主力となる部隊とそれを支援する部隊の数が合致するようになっている。

⑤第二次世界大戦では、しばしば歩兵連隊などを基幹として「カンプグルッペ」や「RCT」「支隊」などの諸兵種連合部隊を臨時に編成して戦った。

第2講

機甲師団への道のり

第一次世界大戦中――
歩兵部隊の突撃は
塹壕陣地で阻止された…

そこでイギリス軍は
歩兵部隊の陣地攻撃を
支援する戦車(タンク)を開発
ついで快速の中戦車を開発
陣地突破後に戦果を拡張
できるようになった

第二次世界大戦前――
イギリス軍は戦車部隊を主力とする
諸兵種連合の実験機械化部隊を編成した
だが、
この部隊には
重機関銃部隊はいたが
通常の歩兵部隊が
いなかった
一方、ドイツ軍は
快速の戦車を主力とした
バランスのとれた諸兵種連合部隊
である装甲師団を編成

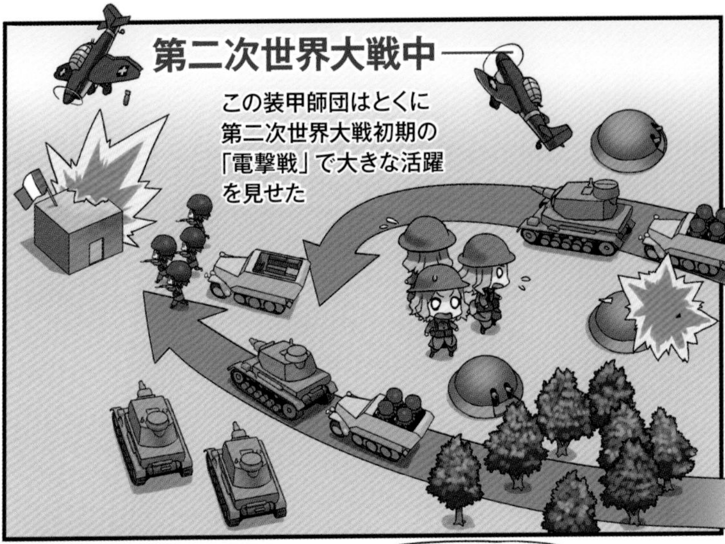

第二次世界大戦中――

この装甲師団はとくに
第二次世界大戦初期の
「電撃戦」で大きな活躍
を見せた

第1SS
装甲師団

パイパー
戦闘団
第1SS
戦車連隊基幹

サンデッヒ
戦闘団
第2SS
装甲擲弾兵連隊基幹

ハンセン
戦闘団
第1SS
装甲擲弾兵連隊基幹

クニッテル
戦闘団
第1SS
装甲偵察大隊基幹

ドイツ軍の装甲師団も
戦車連隊や装甲擲弾兵
連隊などを
基幹として戦闘団(カンプグルッペ)を
臨時に編成した

戦車による歩兵部隊の支援

戦車の進歩と機甲部隊の用兵思想の進化

第2講では、第一次世界大戦中から第二次世界大戦にかけて編成されるようになった戦車部隊や機甲師団を中心に、その用兵思想の進化や部隊編制の変化を見ていこうと思う。

そもそも、戦車というハードウェアは、第一次世界大戦中に登場し、そこから技術的に大きく進歩していった。それと並行して、戦車部隊の用兵思想というソフトウェアも進化し、戦車部隊の編制というもうひとつのソフトウェアも変化を続けていった。

もう少し具体的にいうと、第二次世界大戦の少し前ごろから、戦車部隊を主力とする諸兵種連合部隊である機甲師団が編成されるようになった。そして第二次世界大戦では、ドイツ軍の「電撃戦」に代表されるように、この機甲師団が大きな活躍を見せて、それまでの歩兵師団に代わって主要各国の陸軍で攻撃兵力の中核となったのだ。

そうした戦車部隊や機甲師団の編制とセットになった用兵思想の発展の過程を見ていこう。

塹壕陣地と機関銃

ここで話は第一次世界大戦の初期までさかのぼる。

西部戦線では、開戦初頭のドイツ軍の進撃を英仏連合軍が阻止すると、やがてスイス国境から英仏海峡まで切れ目のない戦線ができあがり、両軍とも正面突破以外の作戦が事実上とれなくなってしまった。

そして自軍の戦線を維持強化するために、まずドイツ軍が、次いで連合軍が、それぞれ塹壕を掘り始めた。塹壕の前方には敵の歩兵部隊や騎兵部隊の接近を妨害するための鉄条網が設置されるようになり、塹壕の上には敵の砲撃に対抗して丸太を渡して土をかぶせた掩蓋やコンクリート製の火点（機関銃などの射撃拠点）なども設けられるようになった。

こうした塹壕陣地には、重機関銃が多数配備された。そして攻撃側が準備砲撃を始めると、地中深く掘られた退避壕に逃げ込んでやり過ごし、地表の陣地に据え付けられると、攻撃側の歩兵部隊に安定した連続射撃を浴びせて甚大な損害を与えた。

また塹壕陣地は、数本の塹壕線や多数の拠点などを数kmの深さで組み合わせた「陣地帯」に発展。さらに2～3本の陣地帯を縦方向に数kmの間隔をあけて並べた「数帯陣地」が作られるようになった（この縦方向の距離を「縦深」と呼ぶ）。

このような縦深の大きい陣地では、仮に歩兵部隊を主力とする攻撃側が前方の陣地帯を突破できても、防御側は、予備兵力を戦線後方の道路や鉄道を使って、戦場の荒れ地を進む（加えて砲兵部隊などの再展開が必要な）攻撃部隊を上回るスピードで、後方の陣地帯に投入できる。そのため、両軍とも敵の陣地帯をすべて突破して無人の野を進むような大規模な突破がほとんど不可能になった。

こうして西部戦線は、膠着した塹壕戦となったのだ。

近代的な戦車の登場

世界で初めて戦車を量産したのは、イギリスだった。

この戦車（タンク）Mk.Ⅰは、味方の歩兵部隊を支援して、敵の塹壕陣地を突破するために開発された。大きな菱形（正確には平行四辺形に近い）の車体の外周には、履帯（いわゆるキャタピラ）を備えていた。武装は、6ポンド砲（口径57mm）2門と機関銃の両方を搭載する「雄型」（メイル）と、機関銃のみを多数搭載する「雌型」（フィメイル）の2種類に大きく分けられる。装甲は、通常の小銃弾を使用する機関銃の射撃に耐えることができた。最高速度は約6km/hで、徒歩移動の歩兵と大差ない。それでも、敵陣前の鉄条網を乗り越えて、一般的な歩兵用の塹壕を超越できる機動力を備えていた。

イギリス軍は、大戦半ばの1916年7月に始まった「ソンムの戦い」で、この戦車Mk.Ⅰを9月15日にフレール方面で初めて実戦に投入した。当初の投入予定は60輌だったが、鉄道輸送時の不手際などにより攻撃開始線に到着したのは32輌だけ。これらの戦車は、歩兵軍団4

個に分散して配属され、それぞれ別個の攻撃目標を割り当てられた。

前進を開始した戦車は、その後も故障などでさらに減少し、敵陣地の最前線にたどりつけたのはわずか9輌にすぎなかった。それでも、鉄条網を踏み潰し機関銃弾を跳ね返しながら前進する戦車は、塹壕陣地を守るドイツ兵をパニック状態に追い込み、イギリス軍の攻撃部隊はドイツ軍戦線に幅約8km、深さ約2kmにわたって食い込んだ。

続いてイギリスは、このMk.Ⅰの改良型や発展型であるMk.Ⅱ、Mk.Ⅲ、Mk.Ⅳ、Mk.Ⅴなど「菱形重戦車」と呼ばれる一連の戦車を開発した。これらの最高速度は、いずれも6～8km/h程度に過ぎない。

そしてイギリス軍は、1917年11月に始まった「カンブレーの戦い」で、歩兵軍団2個計8個師団を主力として、菱形重戦車計467輌を装備する戦車大隊9個を各師団に分散して配属し、戦車を先頭に攻勢に出た。

だが、イギリス軍の進撃の障害となる運河があったことや、ドイツ軍の増援部隊が他方面から到着したこともあって、イギリス軍の攻撃部隊はドイツ軍の陣地帯を完全に突破して戦果を大きく拡張することができなかった。

それでも、従来の歩兵部隊を主力とする攻撃に比べれば、歩兵部隊とそれを支援する戦車部隊の組み合わせが非常に効果的であることは明らかだった。

問題は、攻撃側に敵の機関銃射撃に耐えて戦果を迅速に拡張できるような追撃兵力が欠けていたことにあった。

快速の中戦車の登場

実は、この「カンブレーの戦い」の1年ほど前から、イギリス軍は追撃用の新型戦車の製作を進めていたが、この戦いには間に合わなかったのだ。

この追撃用戦車の制式名称は中戦車（ミディアム）Mk.Aで、ウサギ狩り用の足の速い中型犬種である「ホイペット」というニックネームが与えられた。車重は菱形重戦車の半分ほどで、機関銃3～4挺を搭載。最高速度は13km/hと戦車Mk.Ⅰのほぼ2倍に達した。

「アミアンの戦い」のイギリス軍の戦闘序列（1918年8月）

イギリス第4軍

第3軍団
- 第47師団
- 第12師団
- 第18師団
- 第58師団
- 第10戦車大隊（戦車Mk.V）

オーストラリア軍団
- 第1オーストラリア師団
- 第2オーストラリア師団
- 第3オーストラリア師団
- 第4オーストラリア師団
- 第5オーストラリア師団
- 第5戦車旅団
  - 第2戦車大隊（戦車Mk.V）
  - 第8戦車大隊（戦車Mk.V）
  - 第13戦車大隊（戦車Mk.V）
  - 第15戦車大隊（戦車Mk.V*）（※）
  - 第17装甲車大隊（オースチン装甲車）

カナダ軍団
- 第1カナダ師団
- 第2カナダ師団
- 第3カナダ師団
- 第4カナダ師団
- 第4戦車旅団
  - 第1戦車大隊（戦車Mk.V*）（※）
  - 第4戦車大隊（戦車Mk.V）
  - 第5戦車大隊（戦車Mk.V）
  - 第14戦車大隊（戦車Mk.V）

騎兵軍団
- 第1騎兵師団
- 第2騎兵師団
- 第3騎兵師団
- 第3戦車旅団
  - 第3戦車大隊（中戦車Mk.Aホイペット）
  - 第6戦車大隊（中戦車Mk.Aホイペット）

総司令部予備
- 第17師団
- 第32師団
- 第63師団（イギリス海軍）
- 第9戦車大隊（戦車Mk.V）（イギリス第4軍で訓練中）
- 第33師団（アメリカ軍）

※…戦車Mk.V*（アスタリスクは会話では「スター」と呼ばれた）は、戦車Mk.Vの改良型。

この快速の中戦車であるホイペットと、オースチン社製の乗用車に装甲を施して機関銃を搭載した装甲車は、1918年8月に始まった「アミアンの戦い」で大きな活躍を見せた。

この時のイギリス軍（英連邦のオーストラリア軍やカナダ軍を含む）は、歩兵師団4～5個を基幹とする歩兵軍団計3個のうち、2個軍団には菱形重戦車[*1]を装備する戦車旅団を各1個、残る1個軍団には同じく菱形重戦車を装備する戦車大隊を1個、それぞれ配属した。

戦車旅団2個のうち、1個旅団は戦車大隊4個を基幹としており、もう1個旅団は戦車大隊4個および装甲車大隊1個の計5個大隊を基幹としていた。各戦車大隊の菱形重戦車の定数は36輌、装甲車大隊の装甲車の定数は16輌だった。

加えて、騎兵師団3個を基幹とする騎兵軍団には、ホイペットを装備する戦車旅団を1個配属した。こちらの戦車旅団は、戦車大隊2個を基幹しており、各戦車大隊の中戦車の定数は36輌だった。つまり、

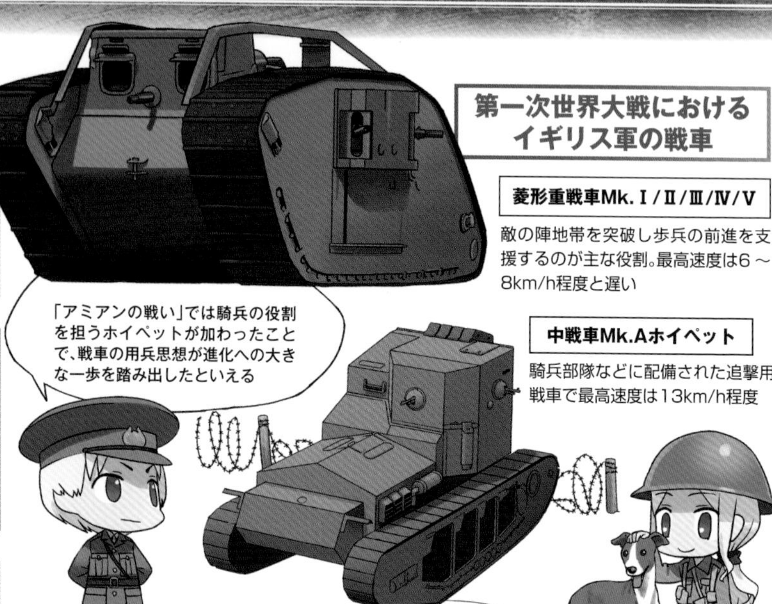

歩兵部隊よりも機動力の大きい追撃兵力である騎兵部隊に、菱形重戦車のほぼ2倍の最高速度を発揮できる快速の中戦車部隊を配属したのだ。

これらの戦車旅団は、旅団単位で集中的に運用されることはなく、通常は大隊以下に分割されて支援対象である歩兵師団や騎兵師団などに分散して配属された。

そして、この「アミアンの戦い」では、まず菱形重戦車に支援された歩兵部隊が敵陣地帯を突破。続いて、ホイペットや装甲車が敵戦線後方に進出して暴れ回った（騎兵部隊もそれなりに活躍した）。

このように第一次世界大戦では、戦車というハードウェアの進歩とともに、戦車部隊の用兵思想というソフトウェアも進化していったのだ。

ただし、敵陣地を攻撃する主力はあくまでも歩兵部隊であって、戦車部隊は、砲兵部隊や工兵部隊などと同じく歩兵部隊を支援する兵種のひとつにすぎなかった。繰り返すが、攻撃の主力はあくまでも歩兵部隊だったのだ。

1:戦車（タンク）Mk.V、または小改良型のMk.V☆（星印で「スター」と読むが、文書では「」で代用されることが多い）。

戦車部隊を主力とする諸兵種連合部隊の登場

イギリス軍の実験機械化部隊

第一次世界大戦後、イギリス軍は、1927年に旅団規模の「実験機械化部隊」を臨時に編成して、機甲部隊の研究を進めていった。

この部隊の編成は、本部のもと、軽戦車（英語でライト・タンク）よりもさらに小型軽量の豆戦車（タンケッテ）や装甲車を装備する戦車大隊、中戦車を装備する戦車大隊、全装軌車や半装軌車あるいは自走砲を装備する機械化された野戦砲兵旅団（名称は旅団だが後述するように連隊規模）、トラックや半装軌車に乗る軽歩兵大隊、トラックに乗る工兵中隊などが所属していた。

このうちの野戦砲兵旅団は、装備する火砲（18ポンド砲[*1]、4.5インチ榴弾砲、3.7インチ山岳榴弾砲）と移動手段がそれぞれ異なる機械化された砲兵中隊4個と、18ポンド自走砲（バーチ・ガンと呼ばれた）中隊1個、計5個を基幹としていた。

*1：口径は3.3インチ（83.8mm）。

戦車部隊を主力とする諸兵種連合部隊

この実験機械化部隊は、画期的なことに、戦車部隊を主力とする諸兵種連合の機械化部隊だった。第一次世界大戦中の菱形重戦車を装備する戦車旅団のように、主力の歩兵部隊を支援するために分割して配属される単一兵種の戦車部隊ではなかったのだ。

つづいて、この実験機械化部隊に所属していた各部隊の役割を見ていこう。

中戦車装備の戦車大隊は、主攻撃を担当する。

豆戦車や装甲車装備の戦車大隊は、いくつかに分割されて偵察や側面警戒などを担当する。

野砲兵旅団のうち、大口径の4.5インチ榴弾砲中隊は全般支援（GS）

を担当し、中戦車と同等の機動力を持つ自走砲（バーチガン）中隊は中戦車大隊の直接支援（DS）を担当することになっていたと思われる[*1]。

演習では、不整地の走破能力に差がある豆戦車と装甲車の両方を装備する混成の戦車大隊を、豆戦車中隊と装甲車中隊にそれぞれ分割して運用しているところを見ると、装軌式トレーラーに乗せて豆戦車で牽引可能な3.7インチ山岳榴弾砲中隊が豆戦車中隊を、半装軌車牽引の18ポンド砲中隊が路上の移動速度が比較的近い装甲車中隊を、全装軌車牽引の18ポンド砲中隊が軽歩兵中隊を、それぞれ直接支援することになっていたのであろう。

*1：直接支援（DS）任務、全般支援（GS）任務の違いについては第1講を参照。

通常の歩兵部隊を欠く過渡期の機械化部隊

この実験機械化部隊の所属部隊の中でひとつ注意してほしいのは、トラックや半装軌車に乗る軽歩兵大隊の編制内容だ。この軽歩兵大隊は、伝統的な名称を受け継いでいるだけで、実際には重機関銃を装備する機関銃中隊3個を基幹としていた。

同部隊の装備していた重機関銃は、銃身（バレル）を冷却水で包んで冷やすバレル・ジャケットを備えており、重量は大きいが安定した連続射撃が可能だ。そのため、もっぱら塹壕陣地などに据えつけて防

実験機械化部隊の編成（1927年）

部隊本部

第3戦車大隊
- 装甲車中隊(ヴィッカース・クロスレイ装甲車)
- 装甲車中隊(ヴィッカース・クロスレイ装甲車)
- 豆戦車中隊(モーリス・マーテル豆戦車、カーデン・ロイド豆戦車)

第5戦車大隊
- 中戦車中隊(中戦車Mk.Ⅱ)
- 中戦車中隊(中戦車Mk.Ⅱ)
- 中戦車中隊(中戦車Mk.Ⅱ)

サマーセット軽歩兵連隊第2大隊
- 機関銃中隊(クロスレイ・ケグレス半装軌車、モーリス6輪トラック)
- 機関銃中隊(クロスレイ・ケグレス半装軌車、モーリス6輪トラック)
- 機関銃中隊(クロスレイ・ケグレス半装軌車、モーリス6輪トラック)

第9野戦砲兵旅団
- 野戦砲兵中隊(18ポンド砲、クロスレイ・ケグレス半装軌牽引車)
- 野戦砲兵中隊(18ポンド砲、ドラゴン装軌牽引車)
- 野戦砲兵中隊(4.5インチ榴弾砲、ドラゴン装軌牽引車)
- 第9軽砲兵中隊(3.7インチ山岳榴弾砲、バーフォード・ケグレス半装軌車搭載)
- 第20中隊(18ポンド自走砲バーチ・ガン)

第17工兵中隊

御的に運用される（これに対して軽機関銃の多くは空冷式の銃身を備えており、軽量で小銃兵の攻撃前進に随伴できるので攻撃的に運用できるが、水冷式の重機関銃に比べると銃身が過熱しやすく安定した連続射撃がむずかしい）。

つまり、この実験機械化部隊には、敵陣地を確保したあとに、敵の歩兵部隊による逆襲を撃退することなどに役立つ重機関銃部隊は含まれていたが、戦車部隊とともに前進して攻撃に参加する通常の（自動車化ないし機械化された）歩兵部隊は含まれていなかったのだ。

したがって、この点では、のちのドイツ軍の装甲師団（詳しくは後述する）のような通常の歩兵部隊を含むバランスのとれた諸兵種連合部隊ではなかったといえる。ただし、演習時には、半装軌車やトラックあるいはバスなどに乗る自動車化歩兵大隊や、空軍の戦闘飛行隊、爆撃飛行隊、直協飛行隊なども一時的に配属された。

まとめると、イギリス軍の実験機械化部隊は、主力の歩兵部隊に支援の戦車部隊を組み合わせるやり方から、戦車部隊を主力とするバランスのとれた諸兵種連合部隊へと発展していく途中の、いわば過渡期の機械化部隊だったといえよう。

その後、イギリス軍は、1929年に混成戦車旅団を、1931年に王室戦車軍団（ロイヤル・タンク・コァ）第1旅団を、それぞれ臨時に編成し、1934年には常設の第1戦車旅団を編成した。この第1戦車旅団は、軽戦車や中戦車装備の戦車大隊4個を基幹としており、戦車部隊という単一兵種を基幹とする旅団であって、さまざまな兵種の部隊をバランスよく編合した「ミニ師団」といえるような諸兵種連合の旅団ではない。

さらに1937年には、戦車旅団1個と、従来の馬に乗る騎兵旅団に軽戦車などを配備して機械化した軽機甲旅団2個を主力として、機械化された砲兵連隊2個、自動車化された歩兵大隊2個、自動車化された工兵中隊などを編合した諸兵種連合部隊である「機動師団」（モバイル・ディヴィジョン）を編成。のちに「機甲師団」（アーマード・ディヴィジョン）に改称されることになる。

だが、ドイツ軍は、これに先立って諸兵種連合の機械化部隊である「装甲師団」（パンツァーディヴィジョン）を正式に編成していた。

快速の戦車部隊を主力とする装甲師団の登場

ドイツ軍の装甲師団

ドイツ軍は、1935年に戦車部隊を主力とする装甲師団3個を初めて正式に編成。その後、1939年9月1日にポーランドへの進攻を開始して第二次世界大戦が勃発する前に、計7個の装甲師団を編成している[*1]。

大戦勃発時の第1装甲師団の編制を見ると、師団司令部のもと、戦車旅団、自動車化狙撃兵（他国でいう自動車化歩兵のこと[*2]）旅団、自動車化砲兵連隊、自動車化偵察大隊、自動車化工兵大隊、自動車化対戦車大隊、自動車化通信大隊など、特徴や機能が異なるさまざまな兵種の部隊を組み合わせた「諸兵種連合部隊」となっている（ちなみにドイツ軍は、戦車の生産不足などの理由から、第二次世界大戦半ばの1943年まで装甲師団の編制を統一することができなかった）。

*1：臨時編成のケンプフ装甲師団を含む。加えて、編制内に戦車大隊1個を含む機械化された軽師団を4個編成している。

*2：ドイツ語では「シュッツエン（Schützen）」。かつて通常の歩兵が装備していた滑腔銃身のマスケットよりも命中精度の高い施条銃身のライフルを装備していた歩兵の一種で、「狙撃兵」と訳されることが多い。

快速の戦車部隊を主力とする諸兵種連合部隊

第一次世界大戦時のイギリス軍は、（前述の繰り返しになるが）たとえば「カンブレーの戦い」では、歩兵軍団2個計8個師団を主力として、最高速度約6km/hのいわゆる菱形重戦車を装備する戦車大隊9個を分散して配属した。そして歩兵支援用の菱形重戦車を装備する戦車部隊は、基本的には徒歩で移動する歩兵部隊と大差ない速度で移動して、主力の歩兵部隊の戦闘を支援した。

これに対してドイツ軍の装甲師団は、最高速度が40km/hに達する快速の戦車部隊を主力として、それを支援する歩兵部隊や砲兵部隊、工兵部隊や対戦車部隊などの各部隊を、トラックやオートバイなどに

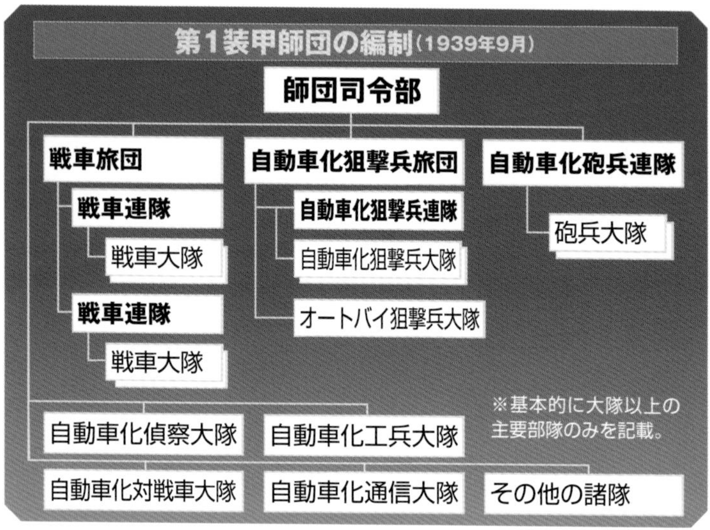

乗車させたり、トラックや半装軌車に火砲を牽引させたりして、少なくとも道路上では戦車部隊と同程度の機動力を発揮できるようにして編合した師団規模の「諸兵種連合部隊」だった。

言い方を変えると、第一次世界大戦中のイギリス軍で歩兵支援を担当していた戦車部隊の機動力は、徒歩移動の歩兵部隊を基準にしていたのに対して、第二次世界大戦前から編成されるようになったドイツ軍の装甲師団の機動力は、快速の戦車部隊を基準にしていた。

要するに、それぞれの機動力には決定的な差があったのだ。

装甲師団の作戦テンポの速さ

第一次世界大戦中のイギリス軍のように、徒歩移動の歩兵部隊と低速の歩兵支援用の戦車(歩兵戦車とも呼ばれる)の組み合わせによる作戦のテンポは、基本的には歩兵部隊の作戦テンポと大差ない。

これに対してドイツ軍の装甲師団は高い機動力を備えており、徒歩移動の歩兵部隊と低速の歩兵戦車の組み合わせよりも、はるかに速いテンポで作戦を展開することができたのだ。

これを敵軍から見ると、ドイツ軍の装甲師団の作戦テンポの速さに付いていくことができず、主導権を失って効果的な対応ができなくなる。もっと具体的にいうと、防御陣地を固める前に攻撃されて戦線を突破され、戦線後方の砲兵陣地や司令部、通信施設や兵站組織などを蹂躙されてしまう。反撃部隊の投入は手遅れになって戦線の穴をふさぐことができず、増援部隊は後方で移動隊形のまま攻撃されて戦闘力を失ってしまう。

つまり、装甲師団の作戦テンポの速さは、それ自体が大きな武器となるのだ。事実、第二次世界大戦初期のドイツ軍による「電撃戦」では、この装甲師団が高い機動力と作戦テンポの速さを活かして大きな活躍を見せている。

電撃戦の威力

1939年9月1日、ドイツ軍はポーランドへの進攻作戦を開始し、第二次世界大戦が勃発。この作戦の主力は歩兵軍だったが、快速の装甲師団と自動車化歩兵師団を主力とする自動車化軍団は敵戦線の後方に迅速に突進するなどの活躍を見せた。

そして1940年5月10日、ドイツ軍はフランス、ベルギー、オランダ、ルクセンブルクへの進攻作戦を開始。これに先立ってドイツ軍は、自動車化軍団3個を集中した巨大なクライスト集団[*1]を編成していた。同集団は人員13万4370人、戦車1222輌（ドイツ軍の保有総数のほぼ半数）、各種車輌4万1140輌に達する巨大な機械化部隊だった。

このクライスト集団は、ベルギー南部付近のアルデンヌの森を迅速に通過し、連合軍の守りが手薄だったセダン付近を突破。連合軍（とくに作戦テンポの遅いフランス軍）の先手をとって英仏海峡に向かって突進し、連合軍の主力を包囲。包囲されたイギリス軍やフランス軍の一部は、戦車や火砲などの重装備を捨ててダンケルクなどからイギリス本土になんとか脱出した。

こうしてドイツ軍は、第一次世界大戦では4年以上戦っても勝てなかったフランスを、わずか6週間余りで屈服させたのだ。

*1：同集団の司令官であるエヴァルト・フォン・クライスト将軍の名前からこう呼ばれた。

装甲師団の編制・装備の改善と戦闘団の編成

歩兵部隊と戦車部隊の協同

話を編制に戻すと、(これも前述の繰り返しになるが) イギリス軍は第二次世界大戦前に、戦車部隊を主力とする旅団規模の諸兵種連合部隊である「実験機械化部隊」を編成していた。ただし、この機械化部隊には、重機関銃部隊は含まれていたものの、戦車部隊とともに前進して攻撃に参加する通常の歩兵部隊は含まれていなかった (航空部隊とともに演習時など必要に応じて配属した)。つまり、ドイツ軍の装甲師団のようなバランスのとれた諸兵種連合部隊ではなかったのだ。

そもそも「諸兵種連合部隊」とは、異なる機能や特徴を持つさまざまな兵科の部隊を組み合わせることによって、各部隊の短所をカバーし長所を発揮しやすくすることでより高い戦闘力を発揮できるようにした部隊だ。

一例をあげると、戦車部隊は、敵戦線を突破する衝撃力は大きいが、地域を確保する能力は低い。これに対して歩兵部隊は、戦車部隊のような衝撃力こそ無いものの、散開して塹壕を掘り、相互に支援可能な陣地を構築することで、比較的小さな兵力で相当の広がりを持つ地域を確保できる。また、戦車は、ハッチを閉めると乗員の視野が狭くなり、死角から忍び寄ってくる敵歩兵の肉薄攻撃を受けやすくなる。これを防ぐには、味方の歩兵部隊による掩護が必要だ。このような理由から、歩兵部隊と戦車部隊の協同、いわゆる「歩戦の協同」は、戦術の基本中の基本とされている。

そして、戦車部隊を主力とする諸兵種連合部隊、その代表例である機甲師団でも、戦車部隊と歩兵部隊をどのような比率で組み合わせるべきなのか、主要各国軍で試行錯誤が重ねられることになった。

上記のような弱点を抱えているうえに、歩兵部隊のように散開して広い地域を確保することは難しい。そこで、戦車についていける機動力と、ある程度の防御力を備えた半装軌式の装甲兵員輸送車を歩兵部隊に配備。歩兵を搭乗させ、必要に応じて下車戦闘させる。これによって戦車と歩兵双方の弱点を補い合うことができるようになる

戦車部隊と歩兵部隊の理想の比率を求めて

第二次世界大戦中のドイツ軍の装甲師団も、戦車部隊と歩兵部隊の理想的な比率を求めて改編を重ねている。

前述の第1装甲師団の初期の編制（P.44の図参照）を見ると、自動車化狙撃兵大隊とオートバイ狙撃兵大隊を合計した歩兵大隊の数と戦車大隊の数を比較すると3個対4個、オートバイ狙撃兵大隊を除いた歩兵大隊と戦車大隊は2個対4個と、いずれにしても歩兵大隊の方が戦車大隊よりも少なかった。

その後、演習の分析などから歩兵戦力の不足に気づいたドイツ軍は、各装甲師団に所属する自動車化狙撃兵部隊を2個連隊計4個大隊とし、オートバイ狙撃兵大隊と自動車化狙撃兵旅団司令部を廃止した。

その一方で戦車部隊は、独ソ戦前の装甲師団の増設や戦車の生産不足などによって、1943年には基本的にすべての装甲師団に所属する戦車部隊を1個連隊計2個大隊編制に統一し、戦車旅団司令部を廃止した。

その結果、歩兵大隊と戦車大隊の比率は4個対2個となり、歩兵大隊よりも戦車大隊の方が少なくなった。この改編によって、「ドイツ装甲部隊の父」と呼ばれるハインツ・グデーリアン将軍は、戦車戦力が減少して装甲師団の打撃力が大幅に低下したことを嘆いたが、歩兵部隊の増加によって、たとえば地域を確保する能力などは向上したのだ。

装甲兵員輸送車や自走砲の配備

ここで話はやや前後するが、前述のようにドイツ軍の初期の装甲師団では、主力の戦車部隊を支援する各兵種の部隊をトラックなどに乗せて、少なくとも道路上では戦車部隊と同程度の機動力を発揮できるようにしていた。

ただし、トラックなどの装輪車は、戦車のような装軌車に比べると不整地の走破能力が劣っており、一旦道路を外れると戦車の機動についていくことがむずかしい。

また、トラックなどの装甲を持たない車輌は、敵の砲兵部隊による榴弾射撃や歩兵部隊の小火器による銃撃でも大きな損害が出てしまう。そのため、トラックに乗車している自動車化歩兵部隊は、戦場のはるか手前で下車して、戦場を徒歩で移動しなければならない。

その点、半装軌式の装甲兵員輸送車ならば、トラックを上回る不整地の走破能力を備えているので、戦車の路外機動にもある程度付いていくことができるし、多少の装甲をほどこせば敵の小口径弾や榴弾片から車内の歩兵を防護できる。そのため、歩兵は戦闘の直前まで下車する必要がなく、状況が許せば乗車したまま戦うことも不可能ではない。

このように装甲兵員輸送車に乗る機械化歩兵部隊は、快速の戦車部隊により密着して行動できるので、従来の徒歩移動の歩兵部隊と鈍足の歩兵戦車部隊を組み合わせた場合よりもはるかに速いテンポで作戦を展開することができる。

砲兵部隊にも同じことがいえる。牽引式の火砲は、牽引車や輓曳馬から切り離して射撃陣地に進入し、砲撃準備を整えるまでにかなりの時間がかかる。また、射撃陣地からの撤収時にも同じような手間がかかるので、展開の速い機甲戦にすばやく対応して効果的な砲撃支援を与えることがむずかしい。これに対して自走砲は、自力で移動や陣地進入ができるので、テンポの速い機甲戦に適している。

同様に、対戦車砲部隊や対空砲部隊を自走砲化したり、工兵部隊や偵察部隊なども半装軌式の装甲兵員輸送車に乗せたりして、装甲師団に所属するすべての支援部隊の機動力を上げることによって、師団全体の作戦テンポを大きく向上させることができるのだ。

こうした理由からドイツ軍は、各装甲師団に戦車だけでなく半装軌式の装甲兵員輸送車や自走砲などの配備を進めていった。

ドイツ軍の「44年型」装甲師団

ここでドイツ軍の第二次世界大戦後期の「44年型」(この「44年」は1944年を意味している）装甲師団の編制を見てみよう（ただし、正規の編制でも多少のバリエーションがあり、ここでは代表的な編制をとりあげることにする)。

44年型装甲師団(1944年8月)

※主要部隊のみを記載(基本編制のみ)。
グリレは10.5cm重歩兵砲搭載の自走砲、
ヴェスペは10.5cm軽野戦榴弾砲搭載の自走砲、
フンメルは15cm重野戦榴弾砲搭載の自走砲。

師団司令部
- 司令部付中隊

戦車連隊
- 本部中隊
- **戦車大隊**
  - 戦車中隊(V号戦車パンター×22)
  - 戦車中隊(V号戦車パンター×22)
  - 戦車中隊(V号戦車パンター×22)
  - 戦車中隊(V号戦車パンター×22)
  - 自動車化装甲補給中隊
- **戦車大隊**
  - 戦車中隊(Ⅳ号戦車×22)
  - 戦車中隊(Ⅳ号戦車×22)
  - 戦車中隊(Ⅳ号戦車×22)
  - 戦車中隊(Ⅳ号戦車×22)
  - 自動車化装甲補給中隊
- 戦車整備中隊

装甲擲弾兵連隊
- 本部中隊(自動車化)
- **装甲擲弾兵大隊**
  - 装甲擲弾兵中隊(自動車化)
  - 装甲擲弾兵中隊(自動車化)
  - 装甲擲弾兵中隊(自動車化)
  - 装甲擲弾兵中隊(自動車化)
  - 重火器中隊(自動車化)
  - 自動車化補給中隊
- **装甲擲弾兵大隊**
  - 装甲擲弾兵中隊(自動車化)
  - 装甲擲弾兵中隊(自動車化)
  - 装甲擲弾兵中隊(自動車化)
  - 装甲擲弾兵中隊(自動車化)
  - 重火器中隊(自動車化)
  - 自動車化補給中隊
- 自動車化工兵中隊
- 自走重歩兵砲中隊(グリレ×6)

装甲擲弾兵連隊
- 本部中隊(半装軌車化)
- **装甲擲弾兵大隊**
  - 装甲擲弾兵中隊(半装軌車化)
  - 装甲擲弾兵中隊(半装軌車化)
  - 装甲擲弾兵中隊(半装軌車化)
  - 装甲擲弾兵中隊(半装軌車化)
  - 重火器中隊(半装軌車化)
  - 自動車化補給中隊
- **装甲擲弾兵大隊**
  - 装甲擲弾兵中隊(自動車化)
  - 装甲擲弾兵中隊(自動車化)
  - 装甲擲弾兵中隊(自動車化)
  - 装甲擲弾兵中隊(自動車化)
  - 重火器中隊(自動車化)
  - 自動車化補給中隊
- 自動車化工兵中隊(一部半装軌車化)
- 自走重歩兵砲中隊(グリレ×6)

装甲偵察大隊
- 本部中隊(自動車化)
- 装甲車中隊(半装軌装甲偵察車×16)
- 軽偵察中隊(半装軌車化)
- 偵察中隊(半装軌車化)
- 重装備中隊(半装軌車化)
- 自動車化補給中隊

戦車駆逐大隊
- 本部中隊(自動車化)
- 突撃砲中隊(突撃砲×14)
- 突撃砲中隊(突撃砲×14)
- 自動車化対戦車砲中隊(7.5cm対戦車砲×12)
- 自動車化対戦車補給中隊

装甲砲兵連隊
- 本部中隊(自動車化)
- **砲兵大隊**
  - (ヴェスペ×12、フンメル×6、2cm対空機関砲×3)
- **砲兵大隊**
  - (10.5cm軽野戦榴弾砲×12、2cm対空機関砲×3)
- **砲兵大隊**
  - (15cm重野戦榴弾砲×8、10.5cm重カノン砲×4、2cm対空機関砲×3)

対空砲兵大隊
- 本部中隊(自動車化)
- 重対空砲中隊(自動車化)
- 重対空砲中隊(自動車化)
- 軽対空砲中隊(自動車化)

装甲工兵大隊
- 本部補給中隊(半装軌車化)
- 工兵中隊(自動車化)
- 工兵中隊(自動車化)
- 工兵中隊(半装軌車化)
- 自動車化軽装甲架橋段列

野戦補充大隊

装甲通信大隊

その他の諸隊

具体的には、師団司令部のもと、戦車連隊、装甲擲弾兵連隊2個、装甲砲兵連隊、戦車駆逐大隊、装甲工兵大隊、装甲偵察大隊、装甲対空砲大隊、装甲通信大隊など組み合わせた「諸兵種連合部隊」となっている。なお、装甲擲弾兵連隊とは、かつての自動車化狙撃兵連隊を改称したものだ。

このうちの戦車連隊は、戦車大隊2個を主力としており、1個大隊はⅣ号戦車、もう1個大隊は新型のV号戦車パンターを装備することになっていた。つまり、1944年当時のドイツ軍は、新型戦車の生産不足により、装甲師団の主力となる戦車の車種を統一することができなかったのだ。

装甲擲弾兵連隊は、装甲擲弾兵大隊2個を主力としていた。ただし、装甲兵員輸送車の生産数が不足していたため、装甲師団隷下の装甲擲弾兵連隊2個、計4個大隊のすべてに半装軌式装甲兵員輸送車を配備できたのは、エリート中のエリートである装甲教導師団だけだった。それ以外の装甲師団では、計4個大隊のうち1個大隊に配備するのがせいぜいで、残りの3個大隊はトラックや大型乗用車など非装甲の輸送車輌に乗った。

装甲砲兵連隊も、基幹である砲兵大隊3個のうち、自走砲を装備していたのは1個大隊だけで、残りの2個大隊は自動車化にとどまっていた。

同様に装甲工兵大隊も、基幹の工兵中隊3個のうち、半装軌車に乗っていたのは1個中隊のみで、残りの2個中隊は自動車化どまりだった。

繰り返しになるが、このように半装軌化や自走砲化が不十分だったのは、もっぱら車輌の生産不足によるもので、戦術上の合理性にもとづくものではない。

ドイツ軍のカンプグルッペ

第二次世界大戦時のドイツ軍では、（第1講でも触れたが）歩兵師団では歩兵連隊を、装甲師団では装甲擲弾兵連隊などを、それぞれ基幹として、支援の砲兵大隊（DS大隊）、対戦車（戦車駆逐）中隊、工兵中隊など他の兵種の部隊を一時的に編合して、基幹となっている連隊

第1SS装甲師団の「ラインの護り」作戦における戦闘団の編成

第1SS装甲師団の編制

第1SS装甲師団司令部
- 第1SS戦車連隊（第2大隊欠、第501SS重戦車大隊配属）
- 第1SS装甲擲弾兵連隊
- 第2SS装甲擲弾兵連隊
- 第1SS装甲砲兵連隊
- 第1SS装甲偵察大隊
- 第1SS戦車駆逐大隊
- 第1SS装甲工兵大隊
- 第1SS対空砲兵大隊
- 空軍第84自動車化軽対空砲兵大隊（配属）
- その他の諸隊

戦車連隊や装甲擲弾兵連隊など師団隷下の主要な部隊を基幹とする4個の戦闘団を編成

パイパー戦闘団	サンデッヒ戦闘団	ハンセン戦闘団	クニッテル戦闘団
第1SS戦車連隊基幹	第2SS装甲擲弾兵連隊基幹	第1SS装甲擲弾兵連隊基幹	第1SS装甲偵察大隊基幹
指揮官：ヨアヒム・パイパー中佐	指揮官：ルドルフ・サンデッヒ中佐	指揮官：マックス・ハンセン大佐	指揮官：グスタフ・クニッテル中佐
第1SS戦車連隊第1大隊	第2SS装甲擲弾兵連隊（第3大隊欠）	第1SS装甲擲弾兵連隊	第1SS装甲偵察大隊
第501SS重戦車大隊	第1SS装甲砲兵連隊第3大隊	第1SS装甲砲兵連隊第1大隊	
第2SS装甲擲弾兵連隊第3大隊	第1SS装甲工兵大隊（第1、第3中隊欠）	第1SS戦車駆逐大隊	
第1SS装甲工兵大隊第3中隊	第1SS対空砲兵大隊（主力）	第1SS装甲工兵大隊第1中隊	
第1SS装甲砲兵連隊2大隊		第1SS対空砲兵大隊（一部）	
空軍第84自動車化軽対空砲兵大隊			

※編合されていない部隊は師団司令部の直轄に。
※戦闘団長は基幹部隊の連隊長もしくは大隊長が兼任。

の連隊長の指揮下に入れた臨時編成の戦闘団（ドイツ語で「カンプグルッペ」）をしばしば編成して戦った。

たとえば「44年型」装甲師団の場合、戦車連隊基幹のカンプグルッペを1個、装甲擲弾兵連隊基幹の戦闘団を2個、それぞれ編成することができる。また、戦車連隊を2個大隊に分割して、2個ある装甲擲弾兵連隊にそれぞれ戦車大隊を1個ずつ増強した戦闘団を計2個編成することもできるし、装甲偵察大隊を基幹とした戦闘団を編成することもできる。

実例として、第二次世界大戦中の1944年12月16日にドイツ軍が西部戦線のアルデンヌ方面で大規模な攻勢を開始したが、この作戦に投入された武装親衛隊の第1SS装甲師団のカンプグルッペの編成を見てみよう（当時のドイツ軍には、国家の正規軍である国防軍とは別に、ナチス党の組織である親衛隊［シュッツシュタッフェル。略してSS］の武装組織が存在していた）。

武装SSの装甲師団の編制は、陸軍の装甲師団と細部は異なるものの、大枠では変わらない。また、この時の第1SS装甲師団には、消耗した第1SS戦車連隊第2大隊の代わりに、独立の第501SS重戦車大隊が配属された。また空軍の第84突撃対空砲大隊も配属されて増強された。

そして、この第1SS装甲師団では、第1SS戦車連隊、第2SS装甲擲弾兵連隊、第1SS装甲擲弾兵連隊、第1SS装甲偵察大隊をそれぞれ基幹として、計4個のカンプグルッペが編成されている。ドイツ軍のカンプグルッペは指揮官の名前で呼ばれることが多く、たとえば第1SS戦車連隊を基幹とするカンプグルッペは、指揮官である第1SS戦車連隊長のヨアヒム・パイパー中佐の名前から「カンプグルッペ・パイパー」と呼ばれた。

パイパー戦闘団

第1SS戦車連隊を基幹とするパイパー戦闘団には、当時世界最強の戦車と言われるケーニヒスティーガーをはじめ各種装甲車輌や自走砲が配備され、機動性と衝撃力が重視された編成となっていた

第2講まとめ

①第一次世界大戦中に、イギリス軍は史上初めて戦車（菱形重戦車）を実戦に投入。戦車部隊は、分割して主力の歩兵部隊に配属され、敵の塹壕陣地に対する攻撃を支援した。

②次いでイギリス軍は、追撃用に快速の中戦車を開発。重戦車に支援された歩兵部隊による敵陣地の突破に続いて、戦線後方に進出し戦果を拡張した。

③イギリス軍は、第二次世界大戦前に戦車部隊を主力とする「実験機械化部隊」を編成。ただし、通常の歩兵部隊は含まれておらず、バランスのとれた諸兵種連合部隊ではなかった。

④ドイツ軍は、第二次世界大戦前から、快速の戦車部隊を主力とする「装甲師団」を編成。とくに第二次世界大戦初期の「電撃戦」では、作戦テンポの速さを活かして大きな活躍を見せた。

⑤ドイツ軍は、各装甲師団に半装軌式の装甲兵員輸送車や自走砲などの配備を進めるとともに、戦車と歩兵の理想的な比率を求めて改編を重ねた。

⑥装甲師団は、戦車連隊や自動車化狙撃兵連隊（のちに装甲擲弾兵連隊に改称）などを基幹とするカンプグルッペをしばしば臨時に編成して戦った。

第3講

コンバット・コマンドという革新

第二次世界大戦中――
米陸軍の歩兵師団の編制は
「3単位師団」に統一され
4単位師団
3単位師団
しばしば諸兵種連合の
「連隊戦闘団（RCT）」を
臨時に編成して戦った
連隊戦闘団

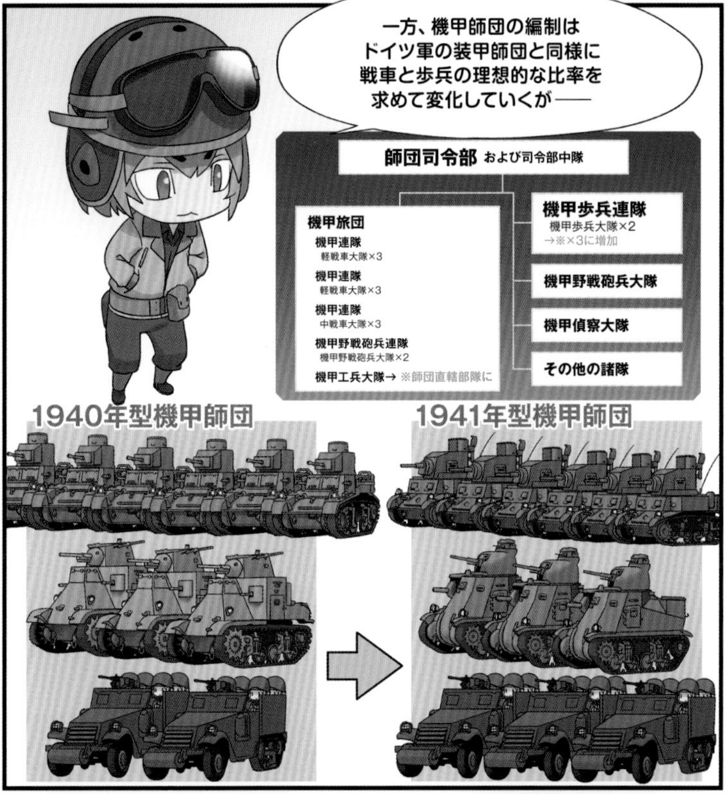

一方、機甲師団の編制は
ドイツ軍の装甲師団と同様に
戦車と歩兵の理想的な比率を
求めて変化していくが――

師団司令部 および司令部中隊

機甲旅団
機甲連隊
軽戦車大隊×3
機甲連隊
軽戦車大隊×3
機甲連隊
中戦車大隊×3
機甲野戦砲兵連隊
機甲野戦砲兵大隊×2
機甲工兵大隊→ ※師団直轄部隊に

機甲歩兵連隊
機甲歩兵大隊×2
→※×3に増加
機甲野戦砲兵大隊
機甲偵察大隊
その他の諸隊

1940年型機甲師団

1941年型機甲師団

このコンバット・コマンドには
通常の旅団司令部や連隊本部とちがって
特定の隷下部隊が所属していない

1941年型機甲師団

- **機甲師団司令部**
  - **機甲旅団司令部**
    - **機甲連隊** 軽戦車大隊×3
    - **機甲連隊** 中戦車大隊×3
    - **機甲野戦砲兵連隊** 機甲野戦砲兵大隊×2
  - **機甲歩兵連隊** 機甲歩兵大隊×3
  - 機甲野戦砲兵大隊
  - 機甲偵察大隊
  - 機甲工兵大隊
  - その他の諸隊

作戦行動時には
コンバット・コマンドの下に
その時々の状況や任務に応じて
さまざまな部隊を配属する
非常に柔軟な編制システムだ

1942年型機甲師団

- **機甲師団司令部**
  - コンバット・コマンドA
  - **コンバット・コマンドB**
  - 機甲連隊
    - 中機甲大隊
    - 軽機甲大隊
  - **機甲連隊**
    - 中機甲大隊
    - 軽機甲大隊
  - **機甲歩兵隊兵**
    - 機甲歩兵大隊
  - **機甲野戦砲兵連隊**
    - 機甲野戦砲兵大隊
  - 機甲偵察大隊
  - 機甲工兵大隊
    - 機甲工兵中隊
  - その他の諸隊

CCA

CCB

CCR

さらに「1943年型」機甲師団では、A、B、R（予備）の3つのコンバット・コマンドを置き、従来の機甲連隊、機甲歩兵連隊、機甲野戦砲兵連隊の各本部を廃止

たとえば師団の隷下に各3個ある戦車大隊、機甲歩兵大隊、機甲野戦砲兵大隊をそれぞれのコンバット・コマンドに配属して、3つの諸兵種連合部隊を作ることができた

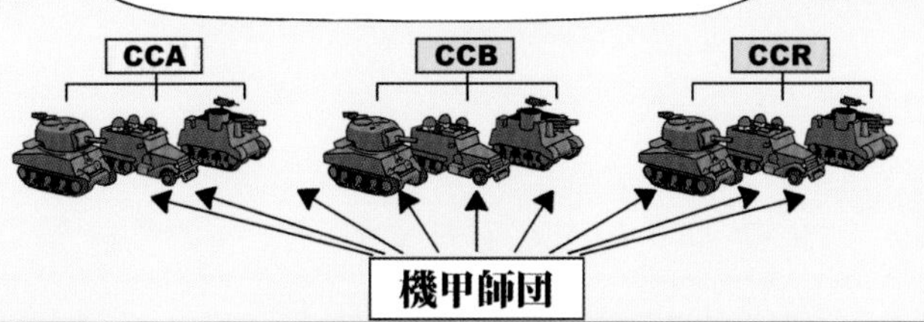

コンバット・コマンドは、さまざまな部隊を状況に応じて自由に組み合わせる、という編成上の柔軟性を実現した。3つの諸兵種連合部隊を用いることで、このような戦い方もできる

後方連絡線

敵部隊

予備

迂回機動して敵の後方連絡線を遮断

正面攻撃して敵を拘束

CCB

CCA

CCR

コンバット・コマンドへの道

第二次世界大戦中の編制とその影響

第3講では、第二次世界大戦中にアメリカ陸軍で編成された歩兵師団や機甲師団の編制と、セットになっている用兵思想を中心に見ていこうと思う。

なぜなら、大戦中の（とくに機甲師団の）師団編制は、大戦後の師団編制にも大きな影響を与えているからだ（なおアメリカ海兵隊の海兵師団についてはまた別の機会に取り上げてみたい）。

では、前置きはこれくらいにして、本題に入ろう。

第二次世界大戦中のアメリカ軍の歩兵師団

そもそもアメリカ合衆国陸軍（U.S.アーミー）は、平時から連邦政府の管轄下にある「常備軍」（レギュラー・アーミー）と、平時は各州政府の管轄下にあり有事の際には連邦政府の管轄下にできる「州兵」（ナショナル・ガード）の2つに大きく分けられる。

そして、まず歩兵師団の編制に触れておくと、1939年（アメリカは未参戦の中立国）に「3単位師団」への改編に着手し、1941年末までに常備軍はすべて「3単位師団」に移行したが、州兵は「4単位師団」が残っていた。しかし、その後の1年半余りで歩兵師団をすべて「3単位師団」に統一する。

この「3単位師団」の編制は、たとえば1941年に一部の師団に存在していた師団直轄の対戦車大隊を廃止し、1942年半ばには補給や整備などを担当していた需品大隊をそれぞれ独立した需品中隊と整備中隊に置き換えるなど、小規模な改編はあったものの、後述する機甲師団のような大がかりな改編は無かった。

これらの歩兵師団は、1941年12月にアメリカが大戦に参戦したのちは、（第1講の末尾でも触れたが）他の主要各国軍の歩兵師団と同様に、歩兵連隊を基幹として各兵種の部隊を配属した連隊戦闘団（RCT）を臨時に編成して戦った。

また、前線の歩兵師団には、独立の戦車大隊がしばしば臨時に配属された。主力の歩兵部隊とそれを支援する戦車部隊の組み合わせという点では、第一次世界大戦中のイギリス軍の主力の歩兵部隊と支援の戦車（菱形重戦車）部隊と変わらない。

加えて、前線の歩兵師団には、独立の戦車駆逐大隊（対戦車用の自走砲や牽引式の対戦車砲を装備）や対空砲兵大隊などもしばしば臨時に配属されている。

話を独立の戦車大隊に戻すと、その編制は後述する「1943年型」機甲師団に所属する戦車大隊とほとんど同じで、中戦車中隊3個と軽戦車中隊1個を主力としていた。

そして歩兵師団に配属された独立の戦車大隊は、中戦車中隊が各RCTに1個ずつ配属され、軽戦車中隊は師団直轄の予備兵力として控置されることが多かった。

アメリカ軍の「1940年型」機甲師団

つぎに、アメリカ陸軍の機甲師団の編制を見てみよう。

第二次世界大戦中の1940年7月、アメリカ陸軍は初の機甲師団となる第1および第2機甲師団を編成した。この「1940年型」機甲師団は、機甲旅団を主力として、装甲を備えた半装軌車（ハーフトラック）に乗る機甲歩兵連隊、105mm自走榴弾砲を装備する機甲野戦砲兵大隊、装輪式の装甲車などに乗る機甲偵察大隊などが所属しており、必要に応じて砲兵射撃の着弾観測などを航空機から行なう航空観測大隊が配属されることになっていた。

このうちの機甲旅団は、軽戦車大隊3個を基幹とする機甲連隊2個、中戦車大隊3個を基幹とする機甲連隊1個、105mm自走榴弾砲装備の機甲野戦砲兵大隊2個を基幹とする機甲野戦砲兵連隊1個、機甲工兵大隊1個を基幹としていた。

一方、機甲歩兵連隊は、機甲歩兵大隊2個を基幹としていた。したがって、戦車大隊と歩兵大隊の数を比較すると、9個（軽戦車6個＋中戦車3個）対2個となり、前講で見たドイツ軍の初期の装甲師団よりもさらに歩兵大隊の比率が少ない。

この「1940年型」機甲師団の編制を端的にいうと、大量の戦車を集中した機甲旅団＋機甲歩兵連隊で、各連隊には機甲野戦砲兵大隊の直接支援が付く、といったところだ。

その後、アメリカ軍の機甲師団の編制は、ドイツ軍の装甲師団と同様に、戦車部隊と歩兵部隊の理想的な比率を求めて変化していくことになる。

アメリカ軍の「1941年型」機甲師団

アメリカ陸軍は、最初に編成した第1および第2機甲師団に加えて、

「1940年型」機甲師団（1940年7月）と「1941年型」機甲師団（1941年4月）の編制

※青字は1941年型における変更点

※師団司令部および司令部中隊を除く大隊以上の主要部隊のみを記載

師団司令部 および司令部中隊

- **機甲旅団**
  - **機甲連隊**
    - 軽戦車大隊×3
  - **機甲連隊**
    - 軽戦車大隊×3
  - **機甲連隊**
    - 中戦車大隊×3
  - **機甲野戦砲兵連隊**
    - 機甲野戦砲兵大隊×2
  - **機甲工兵大隊**→ ※師団直轄部隊に
- **機甲歩兵連隊**
  - 機甲歩兵大隊×2 →※×3に増加
- **機甲野戦砲兵大隊**
- **機甲偵察大隊**
- **その他の諸隊**

1941年4月から10月にかけて第3、第4、第5機甲師団を編成。これらの「1941年型」機甲師団には新しい編制が暫定的に導入された。
具体的にいうと、機甲歩兵連隊に所属する機甲歩兵大隊が従来の2個から3個に増やされたのだ。その一方で、機甲旅団に大きな変化はなく、従来と同じく軽戦車装備の機甲連隊2個と、中戦車装備の機甲連隊1個、機甲野戦砲兵連隊1個を基幹としていた（ただし、従来は機甲旅団に所属していた機甲工兵大隊が師団直轄となった）。
したがって、戦車大隊と歩兵大隊の数を比較すると、9個（軽戦車6個＋中戦車3個）対3個となり、以前の「1940年型」機甲師団にくらべて歩兵大隊の比率がわずかに増えたわけだ。

コンバット・コマンドとカンプグルッペ

アメリカが第二次世界大戦に参戦した1941年12月、第4機甲師団では、機甲旅団の司令部が「コンバット・コマンド」と呼ばれる司令部2個に改編されるとともに、いずれも戦車連隊を中核として、歩兵、砲兵、工兵など各兵種の部隊を加えた諸兵種連合の戦闘チームが臨時に編成された（したがって正規の編制ではない）。
なお、この「コンバット・コマンド」という言葉は、特定の隷下部隊を持たない司令部組織を指す場合と、その司令部に配属された各兵種の部隊を含む諸兵種連合部隊全体を指す場合がある。そのような部隊全体と司令部組織を明確に区別する時には、「コンバット・コマンド司令部（ヘッドクォーター、略してHQ）」などと記して区別される。
ついで他の機甲師団でも、第4機甲師団にならって、同様に諸兵種連合のコンバット・コマンドが編成され始めた。その編成内容はさまざまだったが、通常は戦車連隊を主力とする諸兵種連合部隊が含まれていた。
さらに、これらのコンバット・コマンドでは、より小規模な諸兵種連合部隊である「タスク・フォース」(「任務部隊」などと訳される)が臨時にいくつか編成された。このタスク・フォースは、通常は戦車大隊を含む諸兵種連合部隊だった。

このコンバット・コマンドとタスク・フォースの導入によって、アメリカ陸軍の機甲師団は、状況に応じて臨時に編成される諸兵種連合の戦闘チームの集合体へと進化した。もう少し具体的にいうと、作戦行動時に、たとえば攻勢の初期段階でいずれかの戦闘チームが成功を収めたら、その成功を拡大するために、その師団が持っている戦力をチーム間で再配分する、といった柔軟な運用がやりやすくなったのだ。

第2講で見たように、ドイツ軍の装甲師団も、その時々の状況に応じて、しばしば戦車連隊や装甲擲弾兵連隊などを基幹として、砲兵大隊や工兵中隊など他の兵種の部隊を配属した「カンプグルッペ」と呼ばれる諸兵種連合部隊を臨時に編成して戦った。

つまり、諸兵種連合部隊を状況に応じて柔軟に編成するという点において、アメリカ軍のコンバット・コマンドとドイツ軍のカンプグルッペは、同じような機能を持っていたわけだ。

アメリカ陸軍のこのような編制思想の源流は、第二次世界大戦前の第7騎兵旅団(機械化)にさかのぼることができる。この旅団は、従来の馬に乗る騎兵部隊に、戦闘車(コンバット・カー。実質は快速の軽戦車)や装甲車などを配備して機械化したものだ。同旅団は、旅団司令部が2つの指揮組織に分割できるような編制になっており、この指揮組織によって調整される戦闘チームの集合体として運用されていたのだ。

コンバット・コマンドを導入した機甲師団

「1942年型」機甲師団とCCA、CCB

1942年3月、アメリカ陸軍は、新しい機甲師団の編制を正式に導入した。この「1942年型」機甲師団は、機甲連隊2個、機甲歩兵連隊1個、105mm自走榴弾砲装備の機甲野戦砲兵大隊3個、機甲偵察大隊1個、機甲工兵大隊1個などを基幹としており、従来の機甲旅団司令部は廃止された。

このうちの機甲連隊は、中戦車を装備する中機甲大隊（ミディアム・アーマード・バタリオン）2個と、軽戦車を装備する軽機甲大隊（ライト・アーマード・バタリオン）1個の計3個大隊を基幹としていた。また機甲歩兵連隊は、機甲歩兵大隊3個を基幹としていた。したがって、戦車大隊と歩兵大隊の比率は9対3で、前述の「1941年型」機甲師団と変わらない。

また、機甲旅団に所属していた機甲野戦砲兵連隊も廃止されたが、機甲野戦砲兵大隊は計3個のままで変わらない。ただし、機甲野戦砲兵連隊の本部に代わって、師団司令部内に砲兵部隊の指揮統制組織である師団砲兵コマンドが新設された。

そして何よりも画期的だったのは、従来の機甲旅団司令部が廃止されて、代わりに特定の隷下部隊を持たない「コンバット・コマンド」（略してCC）司令部が2個、すなわちコンバット・コマンドA（CCA）とコンバット・コマンドB（CCB）が置かれたことだ。作戦行動時には、前述のように「コンバット・コマンド」司令部の下に、機甲連隊や機甲歩兵連隊、機甲野戦砲兵大隊など各兵種の任意の部隊を、その時々の状況に応じて配属する、という柔軟な編制システムを採用したのだ。

そもそも、各部隊の司令部や本部が持っている機能には、隷下部隊の管理組織という面と、戦闘時の指揮組織という2つの面がある。コンバット・コマンドとは、このうちの戦闘時の指揮（コマンド）機能のみを独立させたもの、といえる。

第2講で見たドイツ軍のカンプグルッペの司令部は、戦車連隊や装甲擲弾兵連隊などの基幹となる部隊の本部が兼ねており、アメリカ軍のコンバット・コマンドのように特定の隷下部隊を持たない独立した指揮組織を置いていたわけではない。その意味では、アメリカ軍のコンバット・コマンドは、ドイツ軍のカンプグルッペが果たす機能を、正規の編制内に取り込んで制度化したもの、と捉えることができるのだ。

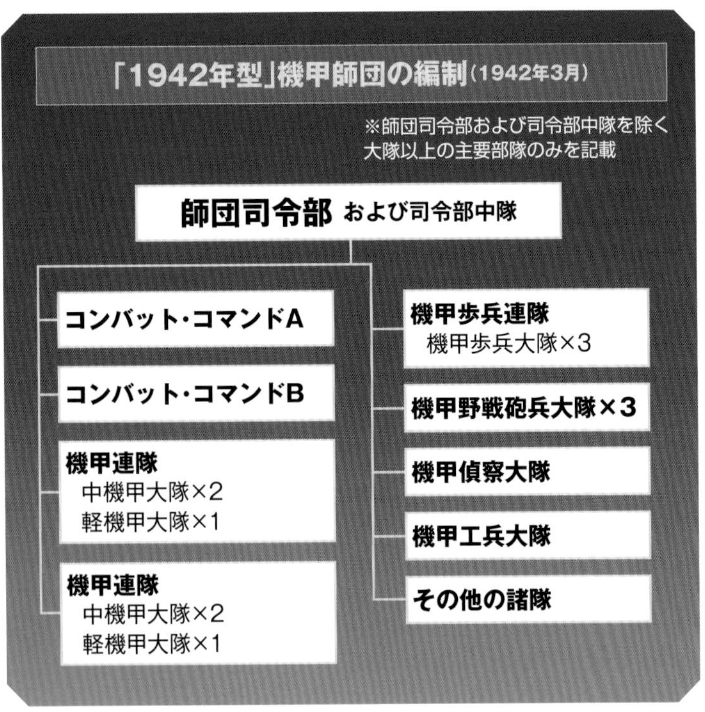

アメリカ軍の機甲師団の装備

「1943年型」機甲師団とCCA、CCB、CCR

1943年9月、アメリカ軍は、機甲師団の編制をふたたび大きく変更した。この「1943年型」機甲師団では、機甲連隊や機甲歩兵連隊の本部を廃止する一方で、戦車大隊（機甲大隊を改称）や機甲歩兵大隊に支援中隊を追加したのだ。また、従来のCCAとCCBに加えて、これよりも規模の小さい「リザーブ・コマンド」を師団司令部中隊に追加し、CCA、CCB、CCR（リザーブの略）の計3個になった。

「1943年型」機甲師団の編制（1943年9月）

機甲師団司令部

- **コンバット・コマンドA**
- **コンバット・コマンドB**
- **コンバット・コマンドR**
  - **戦車大隊**
  - **戦車大隊**
  - **戦車大隊**
  - **機甲歩兵大隊**
  - **機甲歩兵大隊**
  - **機甲歩兵大隊**
- **機甲野戦砲兵大隊**（105mm自走榴弾砲）
- **機甲野戦砲兵大隊**（105mm自走榴弾砲）
- **機甲野戦砲兵大隊**（105mm自走榴弾砲）
- **機械化騎兵偵察大隊**
  - 大隊本部および本部管理中隊
  - 機甲偵察中隊（装甲車）
  - 機甲偵察中隊（装甲車）
  - 機甲偵察中隊（装甲車）
  - 機甲偵察中隊（装甲車）
  - 軽戦車中隊（軽戦車）
  - 突撃砲中隊(75mm自走榴弾砲)
- **機甲工兵大隊**
  - 大隊本部および本部管理中隊
  - 機甲工兵中隊
  - 機甲工兵中隊
  - 機甲工兵中隊
- **その他の諸隊**

※特定の隷下部隊を持たない司令部である各コンバット・コマンドに、その時々の戦況に応じて、戦車大隊、機甲歩兵大隊、機甲野戦砲兵大隊等の各部隊を柔軟に配属。例えば、主攻のCCAには戦車大隊を増強、敵部隊の拘束を担当するCCBには機甲歩兵大隊を増強、など。

コンバット・コマンドの編成例（戦況により変化）

戦車大隊の数は以前の6個から半分の3個に減らされたが、機甲歩兵大隊は3個のままで、戦車大隊と歩兵大隊の比率は3対3と以前よりもバランスのとれた編制になった。また、機甲野戦砲兵大隊も3個のままだった。つまり、CCA、CCB、CCRを司令部として、戦車、歩兵、砲兵がそれぞれ1個大隊ずつ所属する諸兵種連合の戦闘チームを3個編成できるような編制になったのだ。

ここで当時のアメリカ陸軍のドクトリン[*1]における攻撃方法をおおざっぱにまとめておくと、基本的には、まず独立の戦車大隊などに支援された歩兵師団が敵陣地を攻撃。敵戦線に突破口をあけるとともに敵部隊を拘束し、機甲師団が戦果を拡張できる機会を作り出す。続いて、機甲師団が敵戦線の後方奥深くに突進し、敵の司令部などの重要施設、後方で集結中の敵部隊、重要な都市などの要地、といった目標を狙う。そして目標を確保し、敵部隊を包囲し、歩兵師団の支援を受けつつ残敵の抵抗を排除する、といったものだった。

その中で、機甲師団が戦果を拡張する際に、「1942年型」機甲師団はコンバット・コマンドが2個しかないのに対して、「1943年型」機甲師団はコンバット・コマンドが3個あるので、運用の柔軟性が大きい。

たとえば重要目標付近で敵部隊が頑強に抵抗した場合、CCAで敵部隊を正面に拘束しつつCCBを側背に回り込ませたり、CCAとCCBで挟撃したりもできる。敵部隊の抵抗が弱い場合には、CCAとCCBを並べて進撃して広い範囲を一気に占領することができる。そして、いずれの場合でもCCRを予備兵力として控置しておき、状況に応じて投入し戦果をさらに拡張することもできる。

要するに、コンバット・コマンドが3個ある「1943年型」機甲師団は、コンバット・コマンドが2個しかない「1942年型」機甲師団よりも、運用上の柔軟性が大きいのだ。

この「1943年型」機甲師団は、1945年5月のドイツ降伏までアメリカ陸軍の機甲師団の標準的な編制となった[*2]。

ただし、「1942年型」機甲師団と「1943年型」機甲師団を比較すると、人員の定数は1万4620名から1万936名に、戦車の定数は390輌から263輌に、それぞれ縮小されている。これにともなって、アメリカ本土から世界各地に展開する時に海上輸送に必要な輸送船の数や輸送の手間などが減った一方で、臨時に編成されるコンバット・コマンドやタスク・フォースの規模が小さくなったためにそれぞれの耐久力や打撃力は大きく低下した。

そのため、第2機甲師団と第3機甲師団だけは、敵戦線突破用の重機甲師団として、ドイツの降伏後まで「1942年型」機甲師団の編制が維持されて強力な打撃力を保持しつづけている。

*1：「ドクトリン」とは、その軍隊の装備や編制、教育や訓練、指揮官の思考や意思決定の枠組み、指揮のあり方などの土台となる「軍中央で認可されて軍内で広く共有化された軍事行動の指針となる根本的な原則」のことを指す。

*2：前線の各機甲師団には、歩兵師団と同様に、しばしば師団固有の隷下部隊に加えて独立の戦車駆逐大隊や対空砲兵大隊などが臨時に配属された。そして、これらの独立部隊も、しばしば各コンバット・コマンドやタスク・フォースに分割して配属された。

実戦投入されなかった「1945年型」機甲師団

ドイツ降伏後の1945年6月、それまで「1942年型」機甲師団の編制を維持していた第2機甲師団と第3機甲師団に新しい編制が導入された。

この「1945年型」機甲師団の編制は、従来の「1943年型」機甲師団と大差無かったが、105mm榴弾砲搭載のM4中戦車の定数が18輌から27輌に増やされる一方で、人員の定数が267名削減されるなど、細部が多少異なっていた。

その後、アメリカ軍が機甲師団の投入を予定していた日本本土への上陸作戦の実施前に、日本が降伏して第二次世界大戦が終結したため、この「1945」型機甲師団は実戦に投入されることなく終わっている。

第3講まとめ

①アメリカ陸軍の歩兵師団の編制は、第二次世界大戦初期には「3単位師団」と「4単位師団」が混在していたが、大戦半ばには「3単位師団」に統一された。前線の歩兵師団には、独立の戦車大隊などが配属されて主力の歩兵部隊を直接支援した。

②アメリカ陸軍の機甲師団の編制は、「1942年型」から特定の隷下部隊を持たない「コンバット・コマンド」司令部が置かれるようになった。作戦行動時には、この「コンバット・コマンド」司令部の下にその時々の状況に応じて各兵種の任意の部隊を配属する、という柔軟な編制システムを採用したのだ。

③この「コンバット・コマンド」の編制概念は、大戦後の師団編制にも大きな影響を与えることになる。

第4講

用兵思想を反映した部隊編制の変化
―戦後のアメリカ軍―

アメリカ、1950年代半ば——

核戦争を考慮して各歩兵師団を
歩兵連隊よりも小さい
バトル・グループ5個を基幹とする
「ペントミック」師団に改編した

従来の歩兵師団

改編

ペントミック師団

1960年代初め——

たとえば核兵器を
使わない
通常戦争や——

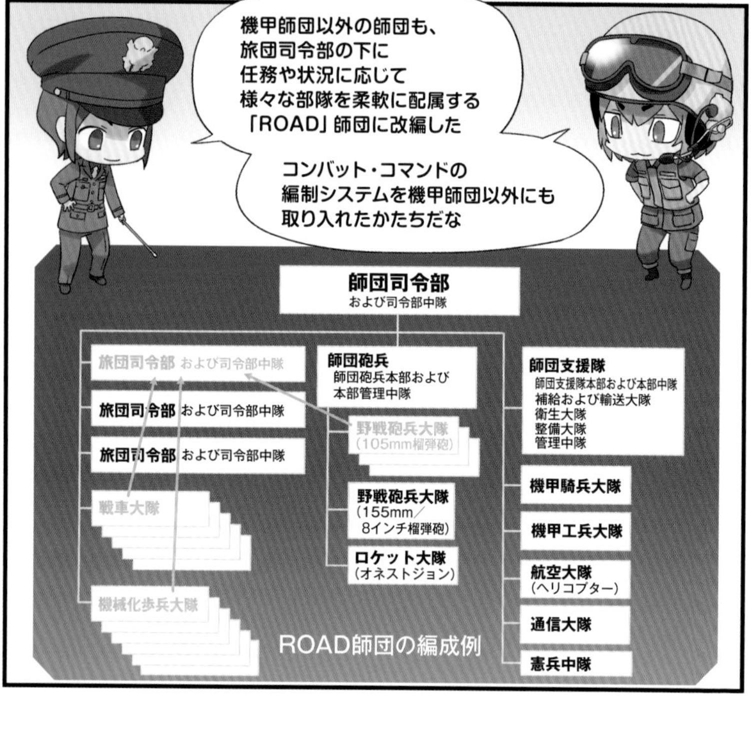

機甲師団以外の師団も、
旅団司令部の下に
任務や状況に応じて
様々な部隊を柔軟に配属する
「ROAD」師団に改編した

コンバット・コマンドの
編制システムを機甲師団以外にも
取り入れたかたちだな

師団司令部
および司令部中隊

旅団司令部 および司令部中隊
旅団司令部 および司令部中隊
旅団司令部 および司令部中隊
戦車大隊
機械化歩兵大隊

師団砲兵
師団砲兵本部および
本部管理中隊
野戦砲兵大隊
(105mm榴弾砲)
野戦砲兵大隊
(155mm/
8インチ榴弾砲)
ロケット大隊
(オネストジョン)

師団支援隊
師団支援隊本部および本部中隊
補給および輸送大隊
衛生大隊
整備大隊
管理中隊
機甲騎兵大隊
機甲工兵大隊
航空大隊
(ヘリコプター)
通信大隊
憲兵中隊

ROAD師団の編成例

「冷戦」最盛期の1980年代——

「冷戦」後の2000年代後半——

そして2020年代——

米陸軍は様々な領域（ドメイン）を横断して戦う「マルチドメイン・オペレーションズ」（MDO）ドクトリンを採用
空
宇宙
電子
陸

海

サイバー

認知

これに対応したマルチドメイン・タスクフォース（MDTF）の編成を進めている
用兵思想が変わるとそれに応じて編制も変わるということだな

大量報復戦略とペントミック師団

冷戦期に西側陣営の中核となったアメリカ軍

第4講では、第二次世界大戦後にアメリカ陸軍で編成された歩兵師団や機甲師団の編制と、セットになっている用兵思想を中心に見ていこう。

なぜなら、アメリカ軍は、大戦後の東西両陣営間の「冷戦」時代に西側陣営の中核的な兵力となり、陸軍の基本的な作戦単位である師団の編制やその運用も非常に重要なものといえるからだ。

では、さっそく本題に入ろう。

アメリカ軍の「1947年型」機甲師団

第二次世界大戦終結後の1946年末、アメリカ陸軍は、大戦中の戦訓を踏まえて機甲師団や歩兵師団の改編にとりかかった。

このうちの「1947年型」機甲師団の編制は、基本的には大戦中の「1943年型」機甲師団や「1945年型」機甲師団と同じく、A、B、Rの計3個のコンバット・コマンドに、戦車大隊や機甲歩兵大隊、機甲野戦砲兵大隊など各兵種の部隊を状況に応じて柔軟に配属する、というものだった。

大戦中の機甲師団と大きな違いは、師団の編制内に強力なM26中戦車（大戦中に重戦車として制式化されて大戦後の1946年に区分が変更された）を装備する戦車大隊が追加されたことだ。これは「戦車の最大の敵は戦車である」という大戦中の戦訓にもとづいて、それまで前線の機甲師団にしばしば臨時に配属されていた独立の戦車駆逐大隊（対戦車用の自走砲を装備）に代って編成に加えられたものだが、もちろん歩兵部隊の直接支援にも使える（なお戦車駆逐部隊は大戦後まもなく全廃された）。

同様に、それまで前線の機甲師団にしばしば臨時に配属されていた対空自走砲を装備する対空砲兵大隊に代わって、師団の編制内に対空砲兵大隊が追加された。

また、大戦中の機甲師団は、隷下に直接支援（DS）を担当する機甲野戦砲兵大隊（DS大隊）が3個あるだけで、全般支援（GS）を担当する機甲野戦砲兵大隊（GS大隊）が無かったのに対して、「1947年型」機甲師団は、155mm自走榴弾砲を装備して全般支援を担当する機甲野戦砲兵大隊（GS大隊）が1個追加された[*1]。

さらに、大戦末期に半装軌車（ハーフトラック）に乗る機甲歩兵部隊（他国軍でいう機械化歩兵部隊）の不足が足かせになった戦訓を踏まえて、機甲歩兵大隊が従来の3個から4個に増やされた。

*1：直接支援（DS）任務、全般支援（GS）任務の違いについては第1講を参照。

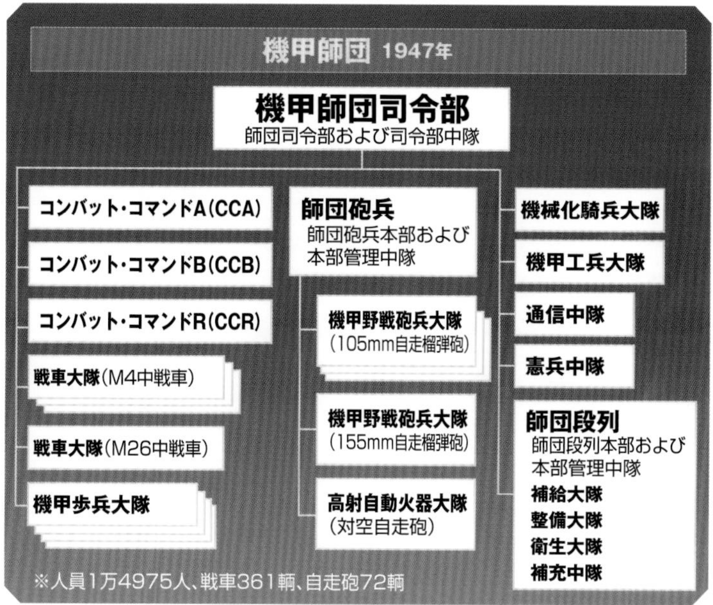

アメリカ軍の「1947年型」歩兵師団

一方、新しい「1947年型」歩兵師団は、それまで前線の各歩兵師団にしばしば臨時に配属されていた独立の戦車大隊や独立の対空砲兵大隊に代わって、師団の編制内にM26中戦車を装備する戦車大隊と対空自走砲を装備する対空砲兵大隊が追加された。

また、師団隷下の各歩兵連隊では、大戦中に敵戦車の装甲の強化とともに威力不足が目立つようになっていた57mm対戦車砲装備の対戦車中隊と105mm榴弾砲装備の火砲中隊に代わって、M4中戦車を装備する戦車中隊と発射速度の大きい4.2インチ（107mm）迫撃砲を装備する重迫撃砲中隊が置かれるとともに、各歩兵大隊に無反動砲が配備されて対戦車火力の強化が図られた。

こうした改編によって、歩兵師団は従来の臨時に配属されていた独立の戦車大隊ではなく自前の戦車大隊で、また各歩兵連隊は自前の戦車中隊で、それぞれ密接に支援できるようになったのだ。

とはいえ、これまで述べてきた「1947年型」の機甲師団や歩兵師団の改編は、それまで臨時に配属されていた独立部隊を師団固有の編制内に取り込んだことが中心であり、砲兵火力や対戦車火力の上乗せなどはあっても、師団の戦力構成が大きく変化したわけではなかった。

また、アメリカ陸軍の師団レベルの運用も、基本的には大戦中と大差の無いものだった。

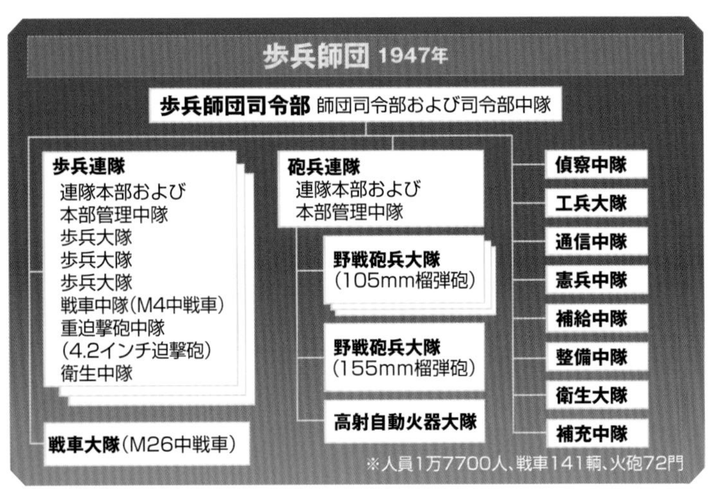

*:制式名称は90mm砲戦車(90mm Gun Tank)M48

アメリカ軍のペントミック師団

1950年代半ばから、アメリカ陸軍は、ドワイト・D・アイゼンハワー大統領が採用した、ソ連とその同盟国軍による侵攻を、大量の核兵器による報復能力によって抑止する「大量報復」戦略のもとで、核兵器が飛び交う戦場を想定するようになった。

その中で、とくに装甲を持たない歩兵を主力とする歩兵師団は、敵の核攻撃のよい目標にならないように、より広い範囲に散開して比較的小さな単位で独立して戦闘できるだけでなく、必要に応じて集結して攻撃を行なえるようにすることが求められた。

そしてアメリカ陸軍は、1956年から歩兵師団の編制を、従来の歩兵連隊3個を基幹とする「3単位師団」から、従来の歩兵連隊よりも小さいが歩兵大隊よりは大きい「バトル・グループ」（「戦隊」あるいは「戦闘群」などと訳される）5個を基幹とする「5単位師団」に改編する作業に着手した。

この改編は、公式にはROCID（リオーガナイゼーション・オブ・ザ・カレント・インファントリー・ディヴィジョンの略で「現行歩兵師団再編成」の意）と呼ばれているが、一般に「ペントミック師団」として知られている。「ペントミック」とは、5を意味する「ペンタ」と、原子力を意味する「アトミック」を組み合わせた造語だ。

核戦争を考慮した「5単位師団」

このペントミック師団は、バトル・グループ5個を基幹として、師団砲兵、戦車大隊、工兵大隊、機甲偵察大隊、通信大隊、師団段列などが所属していた。このうちの各バトル・グループは、歩兵中隊4個と重迫撃砲中隊1個を主力としていた。

また、戦車大隊は戦車中隊5個を、工兵大隊は工兵中隊5個を、それぞれ主力としていた。師団砲兵は、105mm榴弾砲中隊5個を主力とする野戦砲兵大隊（DS大隊）1個と、155mm榴弾砲中隊2個と8インチ（203mm）榴弾砲中隊1個および核弾頭を搭載可能な地対地ロケットM31オネスト・ジョンを装備するロケット中隊1個を主力とする野戦砲兵大隊（GS大隊）1個を基幹としていた。

つまり、各バトル・グループに戦車中隊、工兵中隊、105mm榴弾砲中隊を1個ずつ割り当てることで、バトル・グループを基幹とする諸兵種連合部隊を計5個、臨時に編成できるような編制になっていたのだ。

加えて、師団司令部の下には（コンバット・コマンドのように）特定の隷下部隊を持たない旅団司令部が1個あり、5個あるバトル・グループのうち数個などを、この旅団長の指揮下に置くことによって、師団長の指揮負担を一部軽減することができるようになっていた。

さらに師団段列には、従来の上部開放式（オープン・トップ）の半装軌車ではなく、兵員室が密閉された全装軌式の装甲兵員輸送車を多数装備する輸送大隊が置かれた。この装甲車大隊によって、バトル・グループ1個を装甲による防護のもとで不整地でも迅速に輸送できるようになり、前線近くでも歩兵部隊の集結や散開がより容易になったのだ。

そして1959年には、各バトル・グループに歩兵中隊が1個ずつ追加された。また、GS大隊内の155mm榴弾砲中隊2個が廃止されるとともに、DS大隊の105mm榴弾砲中隊計5個が105mm榴弾砲中隊と155mm榴弾砲中隊各1個からなる混成野戦砲兵大隊（混成DS大隊）計5個に置き換えられた。つまり、各バトル・グループの歩兵戦力とそれを支援する砲兵火力が増強されて、バトル・グループ単位で独立して戦闘する能力が強化されたのだ。

このペントミック師団の運用は、比較的小さな単位でより広い範囲に散開して戦闘するが、必要に応じて集結して攻撃を行なう、というものになった。

要するにアメリカ陸軍の歩兵師団は、核兵器の飛び交う戦場に対応

1950年代、戦場で核兵器の使用が想定されるようになると、従来の歩兵師団の編制では大部隊を一挙に撃破される可能性が生じた
バトル・グループ Battle Group

従来の歩兵師団
ペントミック師団
歩兵連隊×3
バトル・グループ×5
核戦争に対応する「ペントミック師団」では、基幹となる歩兵連隊3個を比較的小規模なバトル・グループ5個に改編

「5単位師団」編制となり、師団隷下の戦車大隊、野戦砲兵大隊、工兵大隊なども5個中隊基幹となった
必要に応じて各バトル・グループに砲兵中隊や戦車中隊などを組み合わせ、小規模な諸兵種連合部隊を複数編成することにより、大部隊を核攻撃で一挙に失うリスクが軽減されることになった
戦車中隊
バトル・グループ
砲兵中隊
バトル・グループを中心に小規模な諸兵種連合部隊を編成

して、その編制と運用が大きく変化したのだ。

一方、機甲師団では、装備面では従来の上部開放式の半装軌車に代わって密閉式の全装軌式装甲兵員輸送車が配備されるなどの変化はあったものの、編制面では同時期の歩兵師団（ペントミック師団）のように「5単位師団」に改編されるようなことはなかった。

また、機甲師団の運用にも大きな変化はなかった。

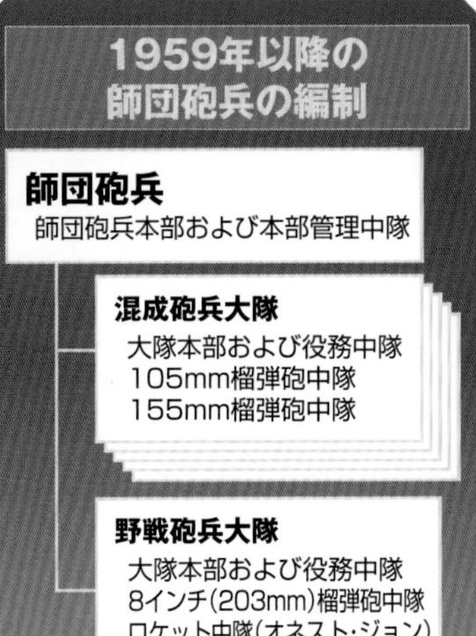

ペントミック師団における諸兵種連合部隊の編成例

歩兵師団司令部
師団司令部および司令部中隊

歩兵旅団司令部

バトル・グループ
バトル・グループ本部
および役務中隊
歩兵中隊
歩兵中隊
歩兵中隊
歩兵中隊
歩兵中隊
（※1959年に追加）
重迫撃砲中隊
（4.2インチ迫撃砲）

師団砲兵
師団砲兵本部および
本部管理中隊
（※1959年に変更あり）

野戦砲兵大隊
大隊本部および
役務中隊
105mm榴弾砲中隊
105mm榴弾砲中隊
105mm榴弾砲中隊
105mm榴弾砲中隊
105mm榴弾砲中隊

野戦砲兵大隊
大隊本部および
役務中隊
155mm榴弾砲中隊
155mm榴弾砲中隊
8インチ(203mm)榴弾砲中隊
ロケット中隊(オネスト・ジョン)

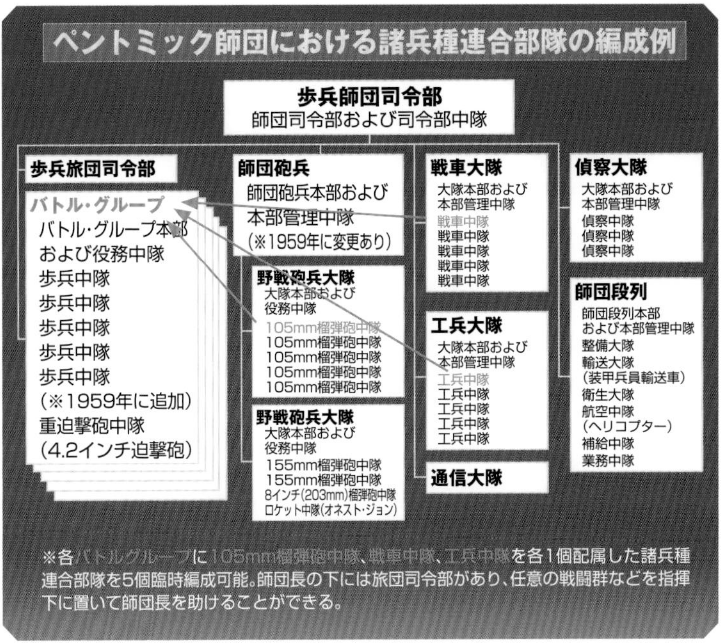

戦車大隊
大隊本部および
本部管理中隊
戦車中隊
戦車中隊
戦車中隊
戦車中隊
戦車中隊

工兵大隊
大隊本部および
本部管理中隊
工兵中隊
工兵中隊
工兵中隊
工兵中隊
工兵中隊

通信大隊

偵察大隊
大隊本部および
本部管理中隊
偵察中隊
偵察中隊
偵察中隊

師団段列
師団段列本部
および本部管理中隊
整備大隊
輸送大隊
（装甲兵員輸送車）
衛生大隊
航空中隊
（ヘリコプター）
補給中隊
業務中隊

※各バトルグループに105mm榴弾砲中隊、戦車中隊、工兵中隊を各1個配属した諸兵種連合部隊を5個臨時編成可能。師団長の下には旅団司令部があり、任意の戦闘群などを指揮下に置いて師団長を助けることができる。

柔軟反応戦略とROAD 師団

柔軟反応戦略の採用とペントミック師団の問題点

1961年、アメリカのジョン・F・ケネディ大統領は、従来の「大量報復」戦略に代わって、あらたに「柔軟反応」戦略を打ち出した。この新しい戦略は、さまざまな状況や脅威の性質に応じて柔軟に対応できる軍事力を持つことによって、あらゆる戦争を抑止することを目指していた。

そしてアメリカ陸軍も、この戦略の変更に沿って、戦略核兵器を大量使用する全面核戦争だけでなく、限定的な威力の戦術核兵器を少量使う限定核戦争、通常兵器のみを使う通常戦争、局地的な地域紛争、個々の戦闘がさらに小規模な対ゲリラ戦など、さまざまな状況を想定するようになった。

同時に、陸軍の各師団の編制も、そうした幅広い状況に対応できる柔軟性が求められるようになったのだ。

当時の陸軍の歩兵師団の編制は、前述の「ペントミック師団」で、大隊より大きいが連隊より小さい「バトル・グループ」5個を基幹とする「5単位師団」だった。

しかし、連隊よりも規模の小さいバトル・グループは、連隊に比べると打撃力やとくに耐久力が小さかった。また、バトル・グループには、グループ本部および役務中隊のもと、小銃中隊5個（既述のように、当初は4個だったがのちに増強された）と重迫撃砲中隊1個が所属しており、さらに他の兵種の部隊が複数配属されると、指揮負担が大きい、といった問題も指摘されていた。

ROAD師団と「タスク・オーガナイズ」

アメリカ陸軍は、こうした戦略の変化やペントミック師団の問題点などを踏まえて、1962年から「ROAD」（リオーガニゼーション・

オブジェクティヴズ・アーミー・ディヴィジョンの略で「陸軍師団再編目標」の意）と呼ばれる新しいコンセプトに基づいて、歩兵師団や空挺師団、騎兵師団（第二次世界大戦中に実質的に歩兵師団となっていた）を含む各師団の改編を進めていった。これがいわゆる「ROAD師団」だ。

第3講で解説したように、「1942年型」以降の機甲師団では、師団司令部の下に、特定の隷下部隊を持たない司令部組織である「コンバット・コマンド」を2～3個置いた。そして、この「コンバット・コマンド」の下に、その時々の状況や任務などに応じて機甲連隊または戦車大隊、機甲歩兵連隊または機甲歩兵大隊、機甲野戦砲兵大隊など各兵種の任意の部隊を配属する、という柔軟な編制システムを採用した。

同じように、このROAD師団（機甲師団以外の各師団も含む）では、師団司令部の下に、特定の隷下部隊を持たない旅団司令部を3個置いた。そして、この旅団司令部の下に、任務や状況に応じて歩兵大隊や機械化歩兵大隊、戦車大隊などの各部隊を配属する、という編制システムを採用したのだ。

つまり、RAOD師団は、1942年型以降の機甲師団に与えられた編制上の柔軟性をそれ以外の師団にも取り入れたもの、といえる（別図の師団編制は改編当初のもので、のちに防空砲兵大隊や軍事情報大隊、化学防護中隊などが追加される一方で、ロケット大隊は廃止されることになる）。

なお、改編後の各師団に所属する歩兵大隊、機械化歩兵大隊、戦車大隊の数は、師団ごとに異なっていた。

まず歩兵師団の実例をあげると、第1歩兵師団や第1騎兵師団は歩兵大隊5個、機械化歩兵大隊2個、戦車大隊2個の計9個大隊を基幹としていたが、第5歩兵師団は歩兵大隊8個と戦車大隊2個の計10個大隊を基幹としていた。また、第3歩兵師団や第24歩兵師団は、機械化歩兵大隊7個と戦車大隊3個の計10個大隊を基幹とする機械化歩兵師団だった。

ROAD師団の編制 1963年～
師団司令部
および司令部中隊
旅団司令部 および司令部中隊
旅団司令部 および司令部中隊
旅団司令部 および司令部中隊
戦車大隊
機械化歩兵大隊
師団砲兵
師団砲兵本部および
本部管理中隊
野戦砲兵大隊
(105mm榴弾砲)
野戦砲兵大隊
(155mm／
8インチ榴弾砲)
ロケット大隊
(オネストジョン)
師団支援隊
師団支援隊本部および本部中隊
補給および輸送大隊
衛生大隊
整備大隊
管理中隊
機甲騎兵大隊
機甲工兵大隊
航空大隊
(ヘリコプター)
通信大隊
憲兵中隊
※人員約1万6000名。機械化歩兵大隊や戦車大隊の数は一例で師団ごとに差異あり
ROAD師団の編成例
師団司令部
および司令部中隊
旅団司令部 および司令部中隊
旅団司令部 および司令部中隊
旅団司令部 および司令部中隊
戦車大隊
機械化歩兵大隊
師団砲兵
師団砲兵本部および
本部管理中隊
野戦砲兵大隊
(105mm榴弾砲)
野戦砲兵大隊
(155mm／
8インチ榴弾砲)
ロケット大隊
(オネストジョン)
師団支援隊
師団支援隊本部および本部中隊
補給および輸送大隊
衛生大隊
整備大隊
管理中隊
機甲騎兵大隊
機甲工兵大隊
航空大隊
(ヘリコプター)
通信大隊
憲兵中隊
※かつてのコンバット・コマンドと同様に、旅団司令部に、想定される任務などに応じて戦車大隊、機械化歩兵大隊、歩兵大隊、野戦砲兵大隊などを柔軟に配属する。

つぎに機甲師団の実例をあげると、第3機甲師団や第4機甲師団は機械化歩兵大隊5個と戦車大隊6個の計11個大隊を基幹としていたが、第2機甲師団やテキサス州兵の第49機甲師団は機械化歩兵大隊4個と戦車大隊5個の計9個大隊を基幹としていた。

このように、各師団のおもな隷下部隊の数は異なっており、ここから任務や状況に応じて、各旅団司令部の下に、歩兵大隊や機械化歩兵大隊、戦車大隊などの各兵種の部隊を柔軟に配属させる編制システムになっていたのだ。アメリカ陸軍では、これを「タスク・オーガナイズ」（任務編成）と呼んだ。

「アクティブ・ディフェンス」ドクトリンの導入

1976年、アメリカ陸軍は、作戦に関する基本的なマニュアルであるFM100-5『作戦』を改訂し、「アクティブ・ディフェンス」と呼ばれる新しいドクトリンを採用した（「FM」とは「フィールド・マニュアル」の略で「野戦教範」のこと）。

この「アクティブ・ディフェンス」ドクトリンは、簡単にいうと、自軍の翼側が危険になることを覚悟の上で、敵のおもな攻撃方面以外の前線部隊から、戦車部隊やヘリコプターで空中機動できる対戦車チーム（長射程の対戦車ミサイルを装備）など高い機動力を持つ部隊を引き抜いて、敵のおもな攻撃方面に迅速に移動させて兵力を集中。強力な対戦車火力を中心として敵の機甲部隊を撃破し、勝利を得るというものだ。

これを掲載した1976年版のFM100-5は、アメリカ陸軍の内外に大きな論争を引き起こした。とくにゲイリー・ハート上院議員の政策秘書であるウィリアム・リンドは、「アクティブ・ディフェンス」は定量化しやすい要素を過度に重視しており、将兵の士気などの定量化しにくい要素や戦場における不確実性を軽視している、と批判した。

そのリンドが主張する「機動戦」（マニューバー・ウォーフェア）では、迅速な機動によって敵の上級司令部を混乱させ麻痺させることで指揮統制などを機能不全に追い込み、敵部隊が戦力を十分に発揮できないように作為する（実例としては第二次世界大戦中のドイツ軍によるフランス侵攻作戦などがあげられる）。ここでいう「機動」（マニューバー）とは、部隊の単なる移動だけを意味するものではない。敵に対する行動全般、それによる敵との駆け引きの要素も含んでいる。

これに対して「アクティブ・ディフェンス」は、敵の物理的な兵力を火力によって消耗させる「火力/消耗戦」（ファイアパワー／アトリション・ウォーフェア）に固執している、ときびしく批判したのだ*1。

*1：「アクティブ・ディフェンス」や後述する「エアランド・バトル」の詳細については『イラストでまなぶ！用兵思想入門 現代編』の第2講を参照。

空中機動師団や軽師団の編成

これに先立ってアメリカ陸軍は、実質的には歩兵師団だった第1騎兵師団を、1965年に多数のヘリコプターを装備する空中機動師団に改編しており、ベトナム戦争で実戦に投入していた。

また、前述の「アクティブ・ディフェンス」ドクトリンの導入後に、ROAD師団のように特定の隷下部隊を持たない旅団司令部に任意の戦車大隊や歩兵大隊などを配属させるという柔軟な編制システムを採用しない師団編制も検討している。

具体的には、特定の戦車大隊3個と機械化歩兵大隊2個を基幹とする恒久的な編制の「重旅団」3個基幹で人員1万8000名弱と規模がやや大きい「重師団」や、固有の隷下部隊を持たない旅団司令部3個に野戦用のバギーなどで自動車化された歩兵大隊9個などを柔軟に配属する人員1万1000名弱と規模がやや小さい「軽師団」などだ。そして、実際に第9歩兵師団は自動車化されて「軽師団」に改編された。

だが、アメリカ陸軍の師団編制が全軍規模で大きく変わるのは、これから述べる「エアランド・バトル」ドクトリンの導入後のことになる。

エアランド・バトルと師団86

「エアランド・バトル」ドクトリンの導入

1982年、アメリカ陸軍は、FM100-5を改訂し、「エアランド・バトル」と呼ばれるドクトリンを正式に導入した。

この「エアランド・バトル」という字づらだけ見ると、航空部隊と地上部隊の密接な協同を柱とするドクトリンのように思えるが、空地の協同はこのドクトリンの（重要ではあるが）一面に過ぎない。

この「エアランド・バトル」の基本コンセプトは、簡単にまとめると、各部隊が的確に連携し敵に勝る迅速さで行動して主導権を握り、敵の意志決定を混乱させて敵の戦力としてのバランスを崩し、組織的な行動を取れなくすることにある。これによって、かならずしも敵の物理的な兵力を撃破しなくても勝利を得ることができる、という考え方だ。

前述のリンドが言う、敵の物理的な破壊のために秩序だった火力の発揮を重視する「火力／消耗戦」と、敵が組織的な行動をとれなくするために速度や機動を重視する「機動戦」の二分法で言うと、「エアランド・バトル」は明確に「機動戦」を志向していたのだ。

師団86への改編

この「エアランド・バトル」の導入に続いて、あたらに「師団（ディヴィジョン）86」（86年型師団とも訳される）と呼ばれる師団編制が導入された。

この編制は、ROAD師団と同様に、師団司令部の下に、特定の隷下部隊を持たない旅団司令部を3個置いていた。この旅団司令部の下に、その師団に所属する機械化歩兵大隊や戦車大隊などの各兵種の部隊を、任務や状況に応じて柔軟に配属させる、という基本的な編制システムは、ROAD師団と変わらない。

RAOD師団との大きな差としては、従来の航空大隊が航空旅団に増強されたこと、偵察大隊がこの航空旅団の隷下に組み込まれたこと、などがあげられる。また、師団直轄の師団支援隊（ディヴィジョン・サポート・コマンド、略してDISCOM）には各旅団の後方支援を前線近くで担当する支援大隊が3個所属していたこと、ROAD師団に途中から追加された防空砲兵大隊や軍事情報大隊、化学中隊なども最初から所属していたこともあげられる。

要するに、ROAD師団に比べると、地上部隊に協力する航空部隊が強化されるとともに、隷下の各旅団の独立的な行動能力が向上したのだ。

師団86の編制

師団86の編制を見ると、機甲師団には戦車大隊6個と機械化歩兵大隊4個、歩兵師団（機械化）には戦車大隊5個と機械化歩兵大隊5個、それぞれ所属するのが基本で、それ以外の部隊はほとんど同じ編制になっていた。つまり、アメリカ陸軍の主力である機甲師団と歩兵師団（機械化）は、戦車大隊と機械化歩兵大隊の比率がわずかに違うだけで、実質的にはどちらも重装備の機甲師団だったのだ。

ただし、いくつかの特殊な師団は、機甲師団や歩兵師団（機械化）と大きく異なる編制になっていた。たとえば第82空挺師団は、前述の機甲師団や歩兵師団（機械化）に所属する戦車大隊や機械化歩兵大隊計10個の代わりに、軽装備で落下傘降下ができる空挺歩兵大隊9個と、軽量で空中投下も可能な空挺戦車を装備する戦車大隊1個が所属していた。また、重装備の機甲師団や歩兵師団（機械化）の師団砲兵は155mm自走砲を主力としていたが、第82空挺師団の師団砲兵は軽量で空輸可能な牽引式の105mm榴弾砲を主力としていた

一方、第101空挺師団（空中強襲）は、ヘリで空輸可能な軽装備の空中強襲歩兵大隊が9個所属していた。また、同師団に所属する航空旅団は、多用途ヘリの数が多いことに加えて、他の師団の航空旅団には無い大型の輸送ヘリを装備するなど、非常に大きなヘリボーン能力（ヘリによる空挺能力）を持っていた。

東西両陣営間の「冷戦」の最盛期である1980年代の後半、アメリ

力陸軍の師団編制は、この師団86だった。

そして「冷戦」終結直後の1990年に勃発した湾岸戦争では、多国籍軍の主力となったアメリカ陸軍の各師団が「エアランド・バトル」ドクトリンに則って戦い、イラク軍に対して勝利を収めたのだ。

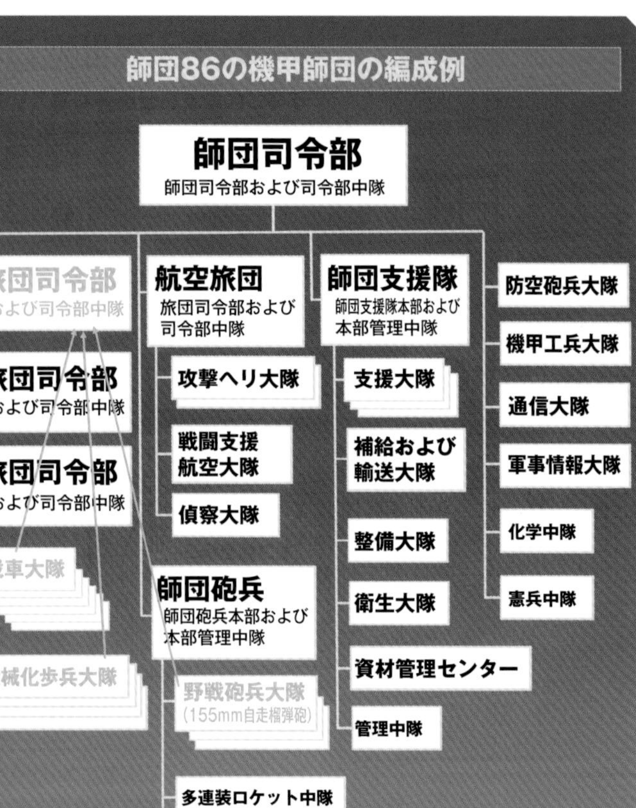

師団86の機甲師団の編成例
師団司令部
師団司令部および司令部中隊
旅団司令部
および司令部中隊
旅団司令部
および司令部中隊
旅団司令部
および司令部中隊
戦車大隊
機械化歩兵大隊
航空旅団
旅団司令部および
司令部中隊
攻撃ヘリ大隊
戦闘支援
航空大隊
偵察大隊
師団砲兵
師団砲兵本部および
本部管理中隊
野戦砲兵大隊
(155mm自走榴弾砲)
多連装ロケット中隊
目標捕捉中隊
師団支援隊
師団支援隊本部および
本部管理中隊
支援大隊
補給および
輸送大隊
整備大隊
衛生大隊
資材管理センター
管理中隊
防空砲兵大隊
機甲工兵大隊
通信大隊
軍事情報大隊
化学中隊
憲兵中隊

アメリカ陸軍の各種師団における各旅団の編成例　第3機甲師団の場合 1992年

第3機甲師団

第1旅団
- 第32機甲連隊*1第4大隊
- 第34機甲連隊第4大隊
- 第5騎兵連隊*2(機械化)第3大隊
- 第5騎兵連隊(機械化)第5大隊
- 第1野戦砲兵連隊第3大隊

第2旅団
- 第8騎兵連隊(機甲)第3大隊
- 第8騎兵連隊(機甲)第4大隊
- 第18歩兵連隊(機械化)第4大隊
- 第82野戦砲兵連隊第4大隊

第3旅団
- 第67機甲連隊第2大隊
- 第67機甲連隊第4大隊
- 第18歩兵連隊(機械化)第5大隊
- 第82野戦砲兵連隊第2大隊

機甲師団の編成例として、湾岸戦争当時の第3機甲師団を見てみよう。同師団隷下の各旅団は、戦車大隊、歩兵戦闘車に乗る機械化歩兵大隊、自走砲を装備する野戦砲兵大隊を組み合わせた編成になっていた。
そして同師団の所属する第7軍団は、機動力を活かしてイラク軍主力を側面から打撃した

M1A1エイブラムス主力戦車

3
SPEARHEAD

M109A2
155mm自走榴弾砲

M2A1ブラッドレー歩兵戦闘車

表*1:1957年以降のアメリカ陸軍では、連隊の名称は(一部の例外を除いて)各大隊の親部隊を示す名目的なもので、部隊の指揮結節としての連隊を意味するものではない。また、活動中の各大隊の番号が通し番号になっていないことがある。
表*2:騎兵連隊は歴史的な名称を維持しているが、(機甲)は実質的には戦車大隊、(機械化)は実質的には機械化歩兵大隊だった。

アメリカ陸軍の各種師団における各旅団の編成例　第82空挺師団の場合 1992年

第82空挺師団

第1旅団	第2旅団*1	第3旅団
第504歩兵連隊(空挺)第1大隊	第325歩兵連隊(空挺)第1大隊	第505歩兵連隊(空挺)第1大隊
第504歩兵連隊(空挺)第2大隊	第325歩兵連隊(空挺)第2大隊	第505歩兵連隊(空挺)第2大隊
第504歩兵連隊(空挺)第3大隊	第325歩兵連隊(空挺)第4大隊	第505歩兵連隊(空挺)第3大隊
第319野戦砲兵連隊(空挺)第3大隊	第319野戦砲兵連隊(空挺)第2大隊	第319野戦砲兵連隊(空挺)第1大隊

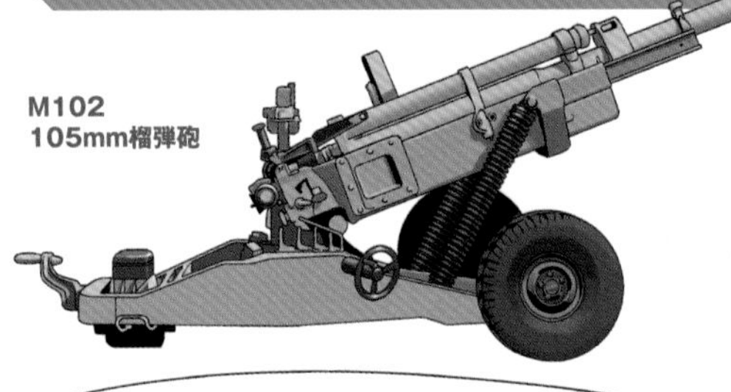
M102
105mm榴弾砲

AIRBORNE

空挺師団の編成例は、湾岸戦争当時の第82空挺師団だ。同師団隷下の各旅団は、軽装備の空挺歩兵大隊3個と、軽量な105mm榴弾砲を装備する野戦砲兵大隊1個を組み合わせた編成になっていた。
そして同師団が所属する第18空挺軍団は、ヘリによる空中機動も活用して、第7軍団の側面をカバーしつつ、イラク軍の補給路や退路を遮断した。ただし、第82空挺師団主力は州兵所属のトラック中隊の支援を受けてもっぱら地上を移動している

M939
5tトラック

表*1:第2旅団は、第82空挺師団の指揮下を外れて、フランス陸軍の第6軽装甲師団を基幹として臨時編成されたダゲー師団に配属された。

トランスフォーメーションと旅団戦闘団

冷戦の終結とトランスフォーメーション

1991年にソ連が崩壊し、「冷戦」は終結。アメリカを中心とする西側陣営とソ連を中心とする東側陣営との間で大規模な正規戦が発生する可能性は事実上消滅した。しかし、その一方でユーゴスラビア紛争のように、冷戦構造というタガが外れたことによる地域紛争も起きるようになった。

そしてアメリカ軍では、それまで重視されていた大規模な正規戦ではなく、比較的小規模な地域紛争への迅速な介入能力へのニーズが大きくなっていった。

また、電子機器や情報通信技術が大きく進歩し、これらを軍事に応用することによって大きな変化が起きる、という「RMA」（レヴォリューション・イン・ミリタリー・アフェアーズの略で「軍事における革命」の意）の概念が、西側諸国の軍事関係者の間で注目されるようになった（こうした考え方の端緒は冷戦時代のソ連軍にある、とする見方が一般的）。

そしてアメリカ軍でも、1990年代半ば頃から海軍を中心に情報ネットワークを活用して戦う「ネットワーク中心の戦い」（ネットワーク・セントリック・ウォーフェア）が提唱されるようになった。

つまり、それまでのような戦略やドクトリンといったアメリカ側の主体的な変化ではなく、国際関係や情報通信技術といったアメリカを取りまく環境の方が大きく変化したのだ。

そして1997年にアメリカでは、ビル・クリントン政権のウィリアム・コーエン国防長官の下に設置された国防諮問委員会から、アメリカ軍の大規模な変革の必要性を指摘する報告書が提出された。

だが、その変革はなかなか始まらなかった。

旅団戦闘団への改編

2005年、ジョージ・W・ブッシュ（いわゆるブッシュ Jr.）政権のドナルド・ラムズフェルド国防長官が「トランスフォーメーション計画指針」を発表。これに沿ってアメリカ軍の大規模な「変革」（トランスフォーメーション）が始められることになった。

そしてアメリカ陸軍では、2006年から各師団隷下の旅団を、独立して行動する能力を強化した諸兵種連合の旅団戦闘団（ブリゲード・コンバット・チーム、略してBCT）に改編していった[*1]。

既述のように、従来の師団86では、特定の隷下部隊を持たない旅団司令部が3個あり、それぞれの旅団司令部の下に、その師団に所属する機械化歩兵大隊や戦車大隊などの各兵種の部隊を、任務や状況に応じて配属させる柔軟な編制システムをとっていた。

これに対して旅団戦闘団（BCT）では、各旅団司令部の下に各兵種の特定の部隊を置く固定的な編制になった。

実は、アメリカ陸軍では、この改編が始まる前から、旅団司令部に配属される各部隊が半ば固定化される傾向が見受けられた。旅団司令部にいつも同じ部隊を配属していると、師団86の本来の狙いである編制上の柔軟性は失われるが、その反面で旅団単位での部隊としての団結心は高まる。また、旅団長や旅団司令部のスタッフと各部隊の指揮官や本部のスタッフが互いに気心の知れた関係になれば、日々の管理業務や戦時の指揮統制がスムーズになる、といったメリットもある。つまりBCTは、すでにあった傾向を認めて正規の編制としたもの、という見方もできるのだ。

ただし、BCTの編制は、それまでの師団隷下の各旅団と大きく異なる点があった。各BCTには、自前の砲兵部隊や工兵部隊、通信部隊や後方支援部隊などが所属しており、BCT単位で独立して行動する能力が向上したのだ。

また、各BCTに所属する機械化歩兵大隊や諸兵種連合大隊など基幹となっている各大隊も、旅団支援大隊に所属している各前方支援中隊（支援対象の大隊に対応した編制になっている）を配属することによって、補給や整備などの後方支援機能を前線近くで提供できる編制になったのだ。

*1：例外あり。たとえばイタリア北部のヴィチェンツァに駐屯する第173空挺旅団は、もともと師団の隷下にない独立の歩兵旅団戦闘団（IBCT）で、空挺作戦能力を持つ。

3種類の旅団戦闘団と主要装備

BCTは、重装備の機甲旅団戦闘団（アーマード・ブリゲード・コンバット・チーム、略してABCT）、軽装備の歩兵旅団戦闘団（インファントリー・ブリゲード・コンバット・チーム、略してIBCT）、中間的なストライカー旅団戦闘団（ストライカー・ブリゲード・コンバット・チーム、略してSBCT）の3種類に大きく分けられる。

このうちの機甲旅団戦闘団（ABCT）は、M1主力戦車やM2歩兵戦闘車など全装軌式の装甲戦闘車輌を主力として装備しており、強力な打撃力を備えた諸兵種連合の機甲部隊だ。ただし、重量の大きい車輌が多く、輸送に手間がかかるため、遠隔地に迅速に展開することがむずかしい。

一方、歩兵旅団戦闘団（IBCT）は、さらに軽歩兵、空挺、空中強襲の3種に分けられる。山地や積雪地などでの行動能力、あるいは落下傘降下による空挺能力やヘリコプターによる空中機動能力を持つ旅団戦闘団も含まれているが、地上を車輌で移動する場合には非装甲ないし軽装甲の野戦車などに乗る。軽装備なので（とくに空挺能力を持つIBCTは）遠隔地にも迅速に展開できるが、重装備の敵部隊に対抗することはむずかしい。

ストライカー旅団戦闘団（SBCT）は、8輪装甲車のストライカー・シリーズを主力として装備する諸兵種連合の機械化部隊で、重装備のABCTと軽装備のIBCTの中間的な性格を持つ。主力戦車よりも軽量の装輪装甲車を主力としているので、重装備のABCTよりも速く遠隔地に展開が可能であり、軽装備のIBCTよりも高い戦闘力を備えているので限定的な地域紛争への介入にも適している。

そして、これら3種類の旅団戦闘団（BCT）に配備される戦車や装甲車、野戦車等には、先進的なFBCB2（フォース21バトル・コマンド・ブリゲード・アンド・ベロウの略）戦闘指揮システムが搭載されるなど、情報通信機器を中心とする装備の近代化も進められていった。

ABCT
機甲旅団戦闘団

機甲旅団戦闘団（ABCT）の編制例 2013年

機甲旅団戦闘団
旅団司令部および司令部中隊

諸兵種連合大隊

機甲騎兵大隊
- 大隊本部および本部中隊
- 機甲騎兵中隊
- 機甲騎兵中隊
- 機甲騎兵中隊

野戦砲兵大隊
- 大隊本部および本部中隊
- 155mm自走榴弾砲中隊
- 155mm自走榴弾砲中隊
- 155mm自走榴弾砲中隊
- 目標捕捉小隊

旅団工兵大隊
- 大隊本部および本部中隊
- 工兵中隊
- 工兵中隊
- 軍事情報中隊
- 通信中隊

旅団支援大隊
- 大隊本部および本部中隊
- 前方支援中隊（諸兵種連合）
- 前方支援中隊（諸兵種連合）
- 前方支援中隊（諸兵種連合）
- 前方支援中隊（機甲騎兵）
- 前方支援中隊（野戦砲兵）
- 前方支援中隊（工兵）
- 物資交付中隊
- 整備中隊
- 衛生中隊

※人員4,743名

SBCT
ストライカー旅団戦闘団

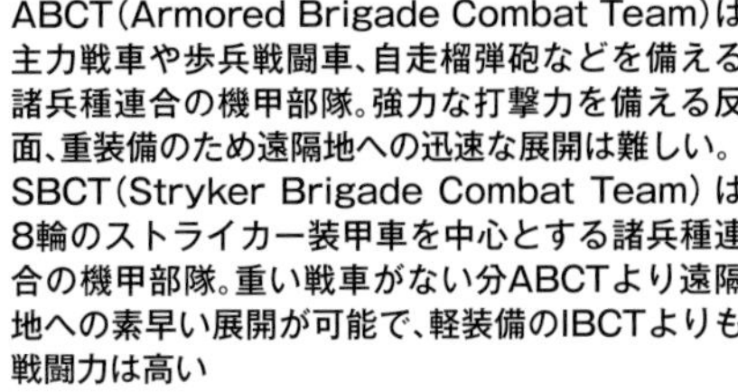

ストライカー旅団戦闘団(SBCT)の編制例 2013年

ストライカー旅団戦闘団
旅団司令部および司令部中隊

機械化歩兵大隊
- 大隊本部および本部中隊
- 機械化歩兵中隊
- 機械化歩兵中隊
- 機械化歩兵中隊

機甲騎兵大隊
- 大隊本部および本部中隊
- 機甲騎兵中隊
- 機甲騎兵中隊
- 機甲騎兵中隊

野戦砲兵大隊
- 大隊本部および本部中隊
- 155mm榴弾砲中隊
- 155mm榴弾砲中隊
- 155mm榴弾砲中隊
- 目標捕捉小隊

旅団工兵大隊
- 大隊本部および本部中隊
- 工兵中隊
- 工兵中隊
- 対戦車中隊
- 軍事情報中隊
- 通信中隊

旅団支援大隊
- 大隊本部および本部中隊
- 前方支援中隊(機械化歩兵)
- 前方支援中隊(機械化歩兵)
- 前方支援中隊(機械化歩兵)
- 前方支援中隊(機甲騎兵)
- 前方支援中隊(野戦砲兵)
- 前方支援中隊(工兵)
- 物資交付中隊
- 整備中隊
- 衛生中隊

※人員4,509名

IBCT
歩兵旅団戦闘団

IBCT(Infantry Brigade Combat Team)は歩兵を主体とし、軽歩兵、空挺、空中強襲に分けられる。地上を車輌で移動する場合は軽装甲か非装甲の野戦車などを使用。装備が軽量なため遠隔地への迅速な展開が可能だが、重装備の敵部隊への対抗は難しい

歩兵旅団戦闘団(IBCT)の編制例 2013年

歩兵旅団戦闘団
旅団司令部および司令部中隊

歩兵大隊
- 大隊本部および本部中隊
- 歩兵中隊
- 歩兵中隊
- 歩兵中隊
- 火器中隊

騎兵大隊
- 大隊本部および本部中隊
- 騎兵中隊
- 騎兵中隊
- 騎兵中隊

野戦砲兵大隊
- 大隊本部および本部中隊
- 155mm榴弾砲中隊
- 155mm榴弾砲中隊
- 155mm榴弾砲中隊
- 目標捕捉小隊

旅団工兵大隊
- 大隊本部および本部中隊
- 工兵中隊
- 工兵中隊
- 通信中隊
- 軍事情報中隊

旅団支援大隊
- 大隊本部および本部中隊
- 前方支援中隊(歩兵)
- 前方支援中隊(歩兵)
- 前方支援中隊(歩兵)
- 前方支援中隊(騎兵)
- 前方支援中隊(野戦砲兵)
- 前方支援中隊(工兵)
- 物資交付中隊
- 整備中隊
- 衛生中隊

※通常は野戦車等による自動車化。人員4,413名

諸兵種連合大隊の編成 2013年

諸兵種連合大隊本部

本部中隊
斥候小隊
迫撃砲小隊
衛生小隊
狙撃分隊

戦車中隊
中隊本部
（M1A2主力戦車×2、
M113A3装甲兵員輸送車×1）
戦車小隊（M1A2主力戦車×4）
戦車小隊（M1A2主力戦車×4）
戦車小隊（M1A2主力戦車×4）

機械化歩兵中隊
中隊本部
（M2A3歩兵戦闘車×2、
M113A3装甲兵員輸送車×1）
機械化歩兵小隊（M2A3歩兵戦闘車×4）
機械化歩兵小隊（M2A3歩兵戦闘車×4）
機械化歩兵小隊（M2A3歩兵戦闘車×4）

前方支援中隊（諸兵種連合）
支援小隊
輸送小隊
整備小隊
※旅団支援大隊より配属

戦いの様相の変化と旅団以下での作戦の増加

2001年に始まったアフガニスタン紛争や、2003年に始まったイラク戦争では、大規模な戦闘は比較的短期間で終わり、その後は比較的小規模な武装勢力との戦闘や治安維持など、大規模な正規戦とは質的に大きく異なる「対反乱作戦」（カウンター・インサージェンシー、略してCOIN。治安戦とも呼ばれる）が中心となった。

そのため、複数の師団を動かすような大規模な作戦が減少する一方で、旅団以下の部隊を中心とする比較的小規模な作戦が増えていった。こうした戦いの様相の変化にも、師団より規模が小さく使い勝手のよいBCTがマッチしたといえる。

とはいえ、アメリカ陸軍の基本的な戦い方は、BCTの導入後も「機動戦」を志向するものであり、その点に関しては1980年代に導入された「エアランド・バトル」ドクトリンと根本的な変化は無かった。

マルチドメイン・オペレーションズとMDTF

ロシアのハイブリッド戦争

ロシアは、2014年に始まったウクライナ東部紛争やクリミア危機で、いわゆる「ハイブリッド戦争」（ハイブリッド・ウォー/ハイブリッド・ウォーフェア）を展開。とくにクリミア半島をわずかひと月余りでロシアに併合して、西側の軍事関係者の大きな注目を集めた。

ハイブリッド戦争とは、正規軍の一般的な部隊だけでなく、電子戦部隊や無人機（ドローン）部隊、正体を隠した特殊部隊や民間軍事会社、現地の武装勢力、民間のインフラなども対象とするサイバー攻撃やSNSなどを用いたプロパガンダ（政治宣伝）など、公然および非公然の軍事、準軍事、民間の幅広い手段を組み合わせて展開する戦争を指している。

これに対してアメリカ軍は、ハイブリッド戦争への対応を視野に入れた新しいドクトリンを開発していくことになる。

マルチドメイン・バトルから マルチドメイン・オペレーションズへ

2016年、アメリカ陸軍は新しい作戦コンセプトである「マルチドメイン・バトル」の検討開始を公表した。次いで2017年には、陸軍の訓練やドクトリン開発を担当する訓練教義コマンド（トレーニング&ドクトリン・コマンド、略してTRADOC）が『マルチドメイン・バトル：21世紀のための諸兵種連合部隊の進化 2025-2040 Ver.1.0』と題したドクトリン文書を発表。次いで2018年には『マルチドメイン・オペレーションズにおけるアメリカ陸軍 2028』を発表した。

この「マルチドメイン・オペレーションズ」の「ドメイン」とは、陸上、海洋、空中、宇宙などの「領域」を指しており、サイバースペースのような仮想領域（バーチャル・ドメイン）も含まれる。そして

「マルチドメイン」とは「複数の領域」を意味しており、「オペレーションズ」は相互に関連づけられた「作戦」（複数形）を意味している。つまり、「マルチドメイン・オペレーションズ」とは、さまざまな領域にまたがる相互に関連付けられた複数の作戦を意味しているのだ[*1]。

*1：「マルチドメイン・オペレーションズ」の詳細については『イラストでまなぶ！用兵思想入門 現代編』の第4講を参照。

複数の領域にまたがる能力の集束

この「マルチドメイン・オペレーションズ」（略してMDO）では、現在の「諸兵種連合」（コンバインド・アームズ）の概念を発展させたものとして、「コンバージェンス」（集束）という新しい概念を打ち出している。

現在の一般的な諸兵種連合部隊は、戦車部隊や歩兵部隊、砲兵部隊など、機能や特徴が異なる兵種の部隊を組み合わせて総合的な戦力を発揮する。これに対してMDOでは、さまざまな能力をいくつもの領域を横断して「集束」するのだ。

具体例をあげると、宇宙からの衛星写真で特定した目標に対して、地上部隊が巡航ミサイルを発射。その間、電子戦部隊が敵のレーダーを妨害し、サイバー戦部隊が敵の情報システムをハッキングして迎撃を妨害する、といったことが考えられる。

このように「コンバージェンス」とは、あらゆる領域におけるさまざまな能力を統合するものなのだ。

マルチドメイン・タスクフォースの編成

アメリカ陸軍は、この新しいドクトリンに対応した部隊の実験や編成を進めている。

具体的には、まず2018年に「マルチドメイン・タスクフォース」（略してMDTF）を想定した部隊実験を実施。次いで2019年に最初の

MDTFがアメリカ本土のルイス・マッコード統合基地に司令部を置いて活動を開始。さらに2021年には2番目のMDTFがドイツ南西部のルシアス・D・クレイ兵舎に、2022年には3番目のMDTFがハワイのフォート・シャフターに、それぞれ司令部を置いて活動を始めている。

このMDTFの編成は配備先の戦域ごとに異なり、その細部はまだ流動的なのだが、基本的には、情報インフォメーションサイバー電子戦宇宙大隊（略してI2CEWS大隊）[*1]、戦略射撃大隊、防空大隊、旅団支援大隊を基幹とすることになっている。

このうちのI2CEWS大隊は、軍事情報中隊、軍事情報中隊（宇宙）、通信中隊、拡張範囲探知効果中隊[*2]、情報保全中隊[*3]を基幹として、陸上領域に加えて宇宙領域や電磁波領域なども含むさまざまな領域の情報を収集し監視し偵察できるような編成が考えられている。

戦略射撃大隊は、一例として、ロシア・ウクライナ戦争でよく知られるようになったHIMARS（高機動砲兵ロケットシステム）中隊に加えて、射程がやや長い中射程中隊[*4]や、現在開発中の長射程極超音速

マルチドメインタスクフォースの編制 2021年

MDTF司令部

情報サイバー電子戦宇宙大隊
- 軍事情報中隊
- 軍事情報中隊（宇宙）
- 通信中隊
- 拡張範囲探知効果中隊
- 情報保全中隊

戦略射撃大隊
- HIMARS中隊
- 中射程中隊
- 長射程極超音速兵器中隊

防空大隊

旅団支援大隊

MDTF
マルチドメイン・タスクフォース

MDTF(Multi-Domain Task Force)は、陸海空だけでなく宇宙、サイバー、電磁波、そして認知といった複数の領域(マルチドメイン)を横断して、さまざまな能力を集束(コンバージェンス)させるという、新しいドクトリン(教義)に対応させるために編成。

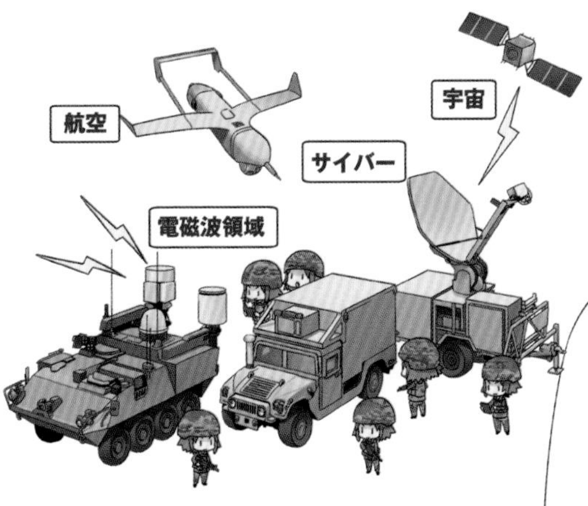

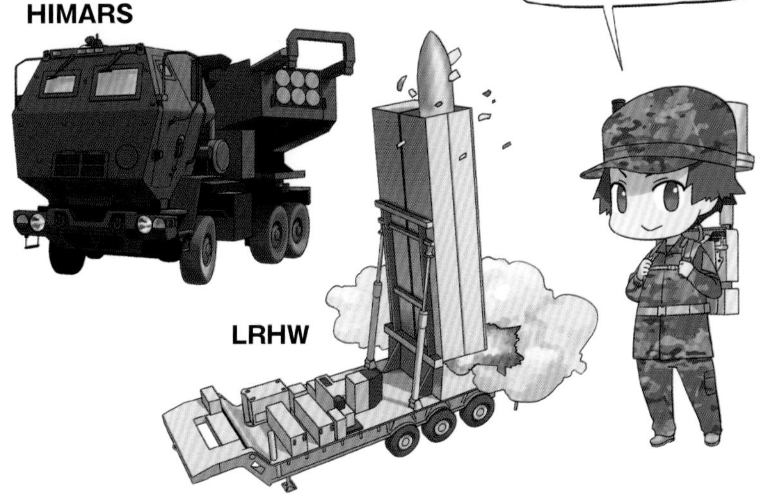

兵器中隊[*5]を基幹とし、強力かつ精密な火力投射能力を備えることが考えられている。また、MDTF自身を敵のミサイルやドローンなどによる攻撃から守るための防空大隊、攻撃用や防空用のミサイルの補給などを行なう旅団支援大隊も所属することになっている。

つまりMDTFは、前述した「諸兵種連合」の概念を発展させた「集束」を実現できるような編成を目指しているのだ。

*1：インテリジェンス・インフォメーション・サイバー・エレクトリック・ウォーフェア・アンド・スペース・バタリオン。
*2：エクステンデッド・レンジ・センシング・アンド・エフェクツ・パンパニー。
*3：インフォメーション・ディフェンス・カンパニー。
*4：ミッドレンジ・ケイパビリティ・バッテリー。
*5：ロングレンジ・ハイパーソニック・ウェポン・バッテリー。

大規模正規戦と師団編制への回帰

2022年、ロシア軍がウクライナへの全面侵攻を開始し、現在も正規軍同士の大規模な戦闘が続いている。

こうした状況の中、アメリカ陸軍では、師団という編制単位がふたたび重要視されつつある。ただし、本格的な改編が始まるのはもう少し先の話になりそうだ。

まとめると、これまで長々と述べてきたように、アメリカ陸軍では、第二次世界大戦後も、国際関係や軍事技術、あるいは戦いの様相の変化などに応じて、基幹部隊の改編を重ねており、それはいま現在も続けられているのだ。

第4講まとめ -1-

①アメリカ陸軍は、1950年代半ばから「大量報復」戦略のもとで核戦場を想定し、歩兵師団を「バトル・グループ」5個を基幹とする「ペントミック」師団に改編。

②1960年代初め、「柔軟反応」戦略のもと、機甲師団以外の師団も含めて、「コンバット・コマンド」と同様に、特定の隷下部隊を持たない旅団司令部に任務や状況に応じて各部隊を柔軟に配属させる「RAOD」師団に改編。

③1980年代前半、機動戦を志向する「エアランド・バトル」ドクトリンを採用。1980年代後半には、空地の協力を強化し各旅団の独立的な行動能力を向上させた「師団86」に改編。

第1講
第2講
第3講
第4講
第5講

第4講まとめ -2-

④ソ連崩壊や「冷戦」終結により、地域紛争の介入能力へのニーズが増大。2006年から各師団隷下の旅団を、特定の部隊が所属し独立行動能力を向上させた旅団戦闘団（BCT）に改編。BCTは、重装備の機甲旅団戦闘団（ABCT）、軽装備の歩兵旅団戦闘団（IBCT）、中間的なストライカー旅団戦闘団（SBCT）の3種類に分けられる。

⑤ロシアは、2014年に始まったクリミア危機などで「ハイブリッド戦争」を展開。対するアメリカ陸軍は「マルチドメイン・オペレーションズ」（MDO）ドクトリンを開発し、これに対応した「マルチドメイン・タスクフォース」（MDTF）の編成を進めている。

第5講

用兵思想を反映した部隊編制の変化

―戦後のソ連軍／ロシア軍―

ソ連、第二次世界大戦直後 ——
ソ連軍は大幅に縮小され、これにともなって機械化が進展した
人員は減ったが装備はそのまま残ったからな
1950年代のジューコフ国防大臣の時代には戦車師団や機械化師団が大柄な編制となり狙撃師団や狙撃軍団の機械化がさらに進んだ
ゲオルギー・ジューコフ国防大臣
(1955~57年在任)

1960年代初め——
ソ連軍も核戦争に
対応して非機械化師団を
一挙に機械化！
各師団や諸兵科連合軍の
編制規模を縮小する一方で
突破用の打撃力を確保するため
戦車軍を復活！

1960年代初め―― 師団の小型化（戦車師団の編制の例）
ソ連軍は通常戦争も考慮し
新型車輌の配備による
機動力や打撃力の向上
師団の小型化による小回り性の
向上を図った
1961年
師団司令部
中戦車連隊
重戦車連隊
自動車化狙撃連隊
砲兵連隊
（122mm榴弾砲）
自走砲大隊
（122mm自走砲/
152mm自走砲）
ロケット発射機大隊
対空連隊
偵察大隊
工兵大隊
通信大隊
衛生大隊
その他の諸隊
人員10,857人、中戦車×253、重戦車×95、
浮航戦車×22、自走砲×52
1968年
師団司令部
中戦車連隊
自動車化狙撃連隊
砲兵連隊（122mm榴弾砲）
ロケット発射機大隊
地対地ロケット発射機大隊
（FROG）
対空大隊
偵察大隊
通信大隊
その他の諸隊
人員9,000人、中戦車×316、浮航戦車×17

1980年代 ――

戦車軍などを基幹とする「作戦機動部隊」(OMG) を臨時に編成

第二次世界大戦末期の部隊編制と運用

冷戦時代に東側陣営の中核となったソ連軍

第5講では、第二次世界大戦後の「冷戦」時代に東側陣営の中核的な兵力となり、アメリカ軍のライバルとなったソ連軍／ロシア軍の編制を見ていこうと思う。なぜなら、ソ連軍の改編には同時期のアメリカ軍の改編と共通した部分と大きく異なる部分があり、用兵思想の差異が編制の差異にどのように影響するのか、その実例を見ることができるからだ。また、ロシア軍の編制は、直近のロシア・ウクライナ戦争の詳細を理解するためにも役立つことだろう。

では、本題に入ろう。最初に、ソ連軍の第二次世界大戦後の編制を理解する土台として、第二次世界大戦末期の編制を説明しておこう。

当時のソ連軍（正確には労農赤軍）には、他国の歩兵師団に相当する狙撃師団や騎兵師団はあったが、戦車師団や機械化師団はなく、代わりに戦車軍団や機械化軍団があった（なお、ソ連軍やロシア軍でいう「狙撃部隊」とは一般の「歩兵部隊」を意味しており、たとえば「狙撃師団」は実質的に「歩兵師団」を意味している。かつてはマスケットを装備する一般の歩兵部隊と、マスケットより命中精度が高いライフルを装備する歩兵部隊を区別していたことの名残り）。

これらの師団や軍団の中には、過去に大きな戦功をあげるなどして「親衛」の称号を与えられた一種のエリート部隊もあり、部隊の編制や装備、将兵の供与なども優遇された。

大戦末期の戦車軍団の編制

大戦末期の戦車軍団は、戦車旅団3個と自動車化狙撃旅団1個を基幹とする諸兵種連合の機甲部隊で、師団結節は無い（戦車軍団の編制はドイツの降伏後で日本の降伏前の1945年半ばに若干変化しているが、ここでは対独戦末期の1944年末の編制を見ていくことにする）。ただし、軍団といっても人員の定数はアメリカ軍の「1943年型」機甲師団よりやや多い程度で、実質的には師団規模といえる[*1]。

第二次世界大戦末期における
ソ連軍の戦車軍団／機械化軍団

大戦末期のソ連軍の戦車軍団や機械化軍団の装備のうち、戦車の代表格といえるのがT-34-85中戦車とIS-2重戦車だ。また、ソ連軍はML-20 152mm榴弾砲など優れた火砲を開発していたものの、生産数が充分とはいえず、量産が容易な迫撃砲などで代用した。ちなみにIS-2重戦車の車台をベースに密閉式戦闘室を設け、このML-20を搭載したのがISU-152自走砲だ。ISU-152は直接照準による敵陣地の破壊や対戦車戦闘といった運用（ドイツ軍の突撃砲に近い）が多く、他の主要国軍の自走榴弾砲のように間接照準による遠距離目標への射撃は比較的少なかった

ML-20 152mm榴弾砲　　ISU-152自走砲

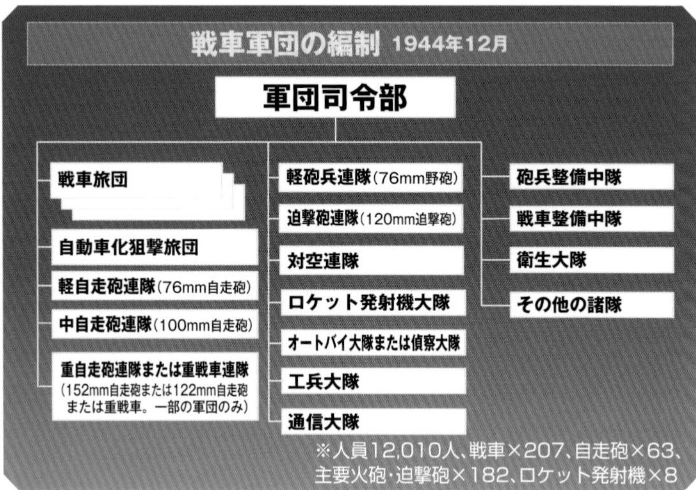

戦車軍団隷下の各戦車旅団は、戦車大隊3個と自動車化狙撃大隊1個を基幹とする諸兵種連合の機甲部隊だ。各戦車旅団の戦車の定数は中戦車65輌で、たとえばアメリカ軍の「1943年型」機甲師団隷下の戦車大隊の戦車の定数は76輌（軽戦車17輌、中戦車59輌）だから、これよりも少ない。ただし、ソ連軍の戦車軍団には、後述する直轄の自走砲連隊が所属しており、これらを含めると戦車軍団全体の戦車・自走砲の定数は、アメリカ軍の「1943年型」機甲師団の戦車の定数とほぼ同数になる。

この戦車軍団の特徴としては、76mm野砲を装備する軽砲兵連隊に加えて、榴弾砲より射程は短いが軽量で生産の容易な120mm迫撃砲を装備する迫撃砲連隊があり、榴弾砲の不足を補っていたこと、戦車部隊や自動車化狙撃部隊に随伴して火力支援を行なえる自走砲連隊が3個程度所属していたこと、などがあげられる。

その自走砲連隊の中でも、中自走砲連隊や重自走砲連隊は、密閉式の戦闘室と戦車に匹敵する装甲を備えて相当の対戦車戦闘能力を持つ（同時期のドイツ軍の突撃砲に近い性格の）自走砲を装備していた。また一部の戦車軍団では、重自走砲連隊が重戦車連隊に置き換えられることもあった。もっとも、これらの自走砲連隊や重戦車連隊の自走砲・戦車の定数は21輌と少なく、実質的には中隊規模にすぎない。

この戦車軍団の戦車部隊と歩兵部隊の比率を、大戦中のアメリカ軍の機甲師団やドイツ軍の装甲師団と比較すると、戦車・自走砲部隊が多く歩兵部隊が少ない。つまり、地域を確保する能力は低いものの打撃力が大きい、という特徴を持つ機甲部隊だった。

*1=アメリカ軍の「1943年型」機甲師団の編制については第4講を参照。

大戦末期の機械化軍団の編制

大戦末期の機械化軍団は、機械化旅団3個と戦車旅団1個を基幹とする諸兵種連合の機甲部隊で、前述の機甲軍団の自動車化狙撃旅団と戦車旅団とは数がちょうど逆になっている。人員の定数は1万6000人を超えており、他の主要国軍の師団に比べると規模がかなり大きい。

機械化軍団隷下の機械化旅団は、自動車化狙撃大隊3個と戦車連隊1個を基幹とする諸兵種連合の機甲部隊で、こちらも前述の戦車軍団隷下の戦車旅団とは戦車大隊と自動車化狙撃大隊の数がちょうど逆に

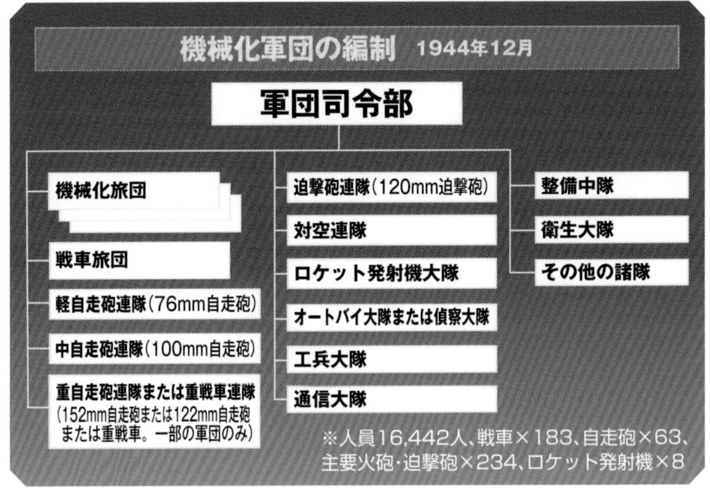

なっている。ただし、戦車連隊といっても、戦車の定数は中戦車41輌（または35輌）で、前述したアメリカ軍の戦車大隊よりも規模が小さい。また、自動車化狙撃大隊は、アメリカ軍の機甲歩兵大隊のようにおもに装甲を備えた半装軌車に乗るのではなく、おもに非装甲のトラックに乗る。

この機械化軍団は、通常の野砲や榴弾砲を装備する砲兵連隊の代わりに、120mm迫撃砲を装備する迫撃砲連隊が置かれていた。また、戦車部隊や自動車化狙撃部隊に随伴して火力支援を行える自走砲連隊が3個程度所属しており、一部の軍団ではその中の重自走砲連隊の代わりに重戦車連隊が置かれていた。

戦車部隊と歩兵部隊の比率を前述の戦車軍団と比較すると、機械化軍団は歩兵部隊が多く戦車部隊が少ない。つまり、戦車軍団よりも打撃力は小さいものの地域を確保する能力は大きい、という特徴を持つ機甲部隊だった。

大戦末期の狙撃師団や騎兵師団の編制

狙撃師団は、狙撃連隊3個を基幹とする「3単位師団」だ。

大戦末期の狙撃師団には、他の主要国軍の歩兵師団のような砲兵連隊の代わりに、野砲連隊、榴弾砲連隊、迫撃砲連隊の計3個連隊を基幹とする砲兵旅団が所属することになっていた。ただし、各連隊の火砲や迫撃砲の定数は、野砲連隊が76mm野砲32門、榴弾砲連隊が122mm榴弾砲20門、迫撃砲連隊が120mm迫撃砲20門と少なめだった。火砲・迫撃砲の合計門数を他の主要国軍の歩兵師団隷下の砲兵連隊と比較すると、砲兵旅団全体では迫撃砲の分だけ多い程度だ。

付け加えると、ドイツの降伏後（それ以前は親衛狙撃師団など一部のみ）には、おもに各狙撃連隊の直接支援用として76mm自走砲16輌を定数とする自走砲大隊が追加される一方で、野砲連隊の76mm野砲は20門に削減された（ただし、この改編が大戦終結までに何個師団で実施されたのかハッキリしない）。

狙撃軍団は、この狙撃師団3個程度を基幹として、支援の砲兵連隊（親衛狙撃軍団など一部では砲兵旅団）や自走砲連隊などが所属して

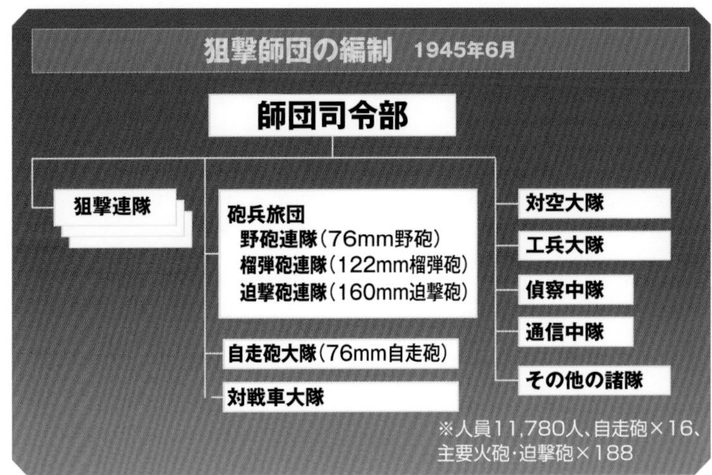

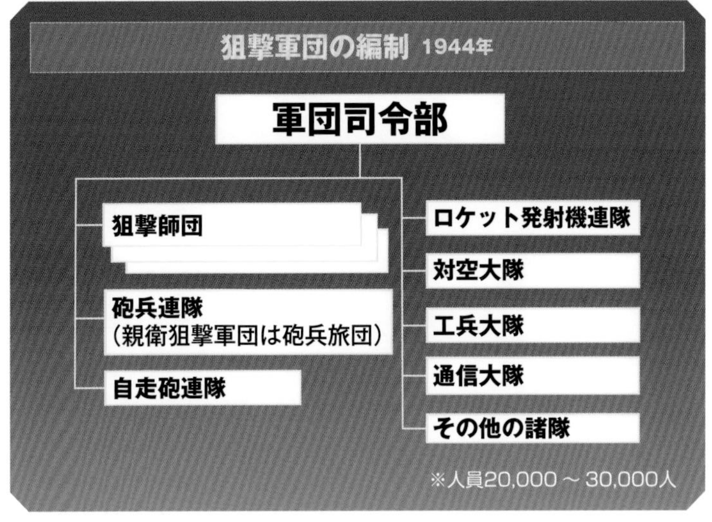

いた。

一方、騎兵師団は、乗馬編制の騎兵連隊3個を基幹とする「3単位師団」だが、人員の定数は狙撃師団に比べると半分程度にすぎない。騎兵軍団は、この騎兵師団3個程度を基幹として、支援の戦車連隊や

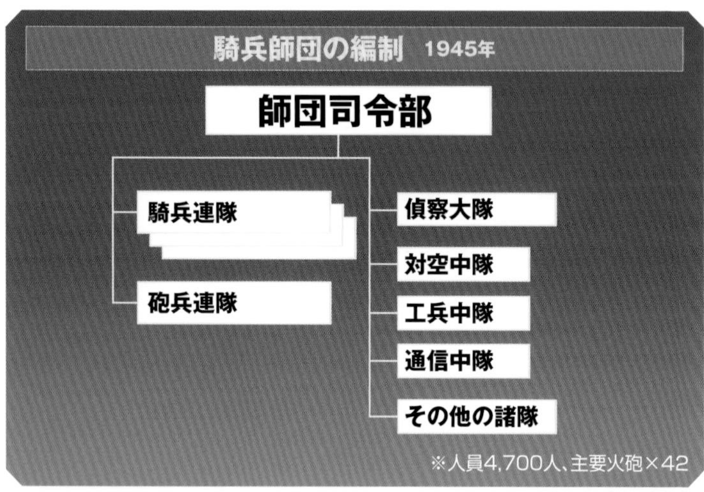

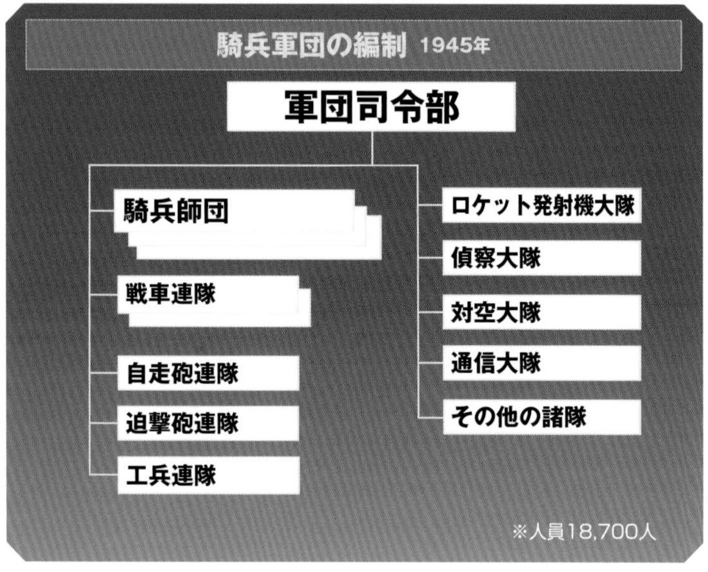

自走砲連隊、迫撃砲連隊などが所属していた。

騎兵部隊は、戦車や自走砲などの機動がむずかしい深い森林地帯や湿地帯などでは、戦車部隊や機械化部隊よりも高い機動力を発揮できることもあり、ソ連軍はこうした地形で騎兵部隊をしばしば有効に活用している。

大戦末期の戦車軍や狙撃軍の編成

第二次世界大戦末期のソ連軍で、軍団のひとつ上の編制単位である軍は、戦車軍と狙撃軍の2つに大きく分けられる。狙撃軍の中には軍直轄の砲兵部隊などを増強した打撃軍もあった。といっても、戦車軍や打撃軍の数は限られており、大部分は狙撃軍だった。これらの軍の中には、既述の軍団や師団と同様に、「親衛」の称号を与えられて優遇されたものもあった。

戦車軍は、戦車軍団2個程度、機械化軍団1個程度を基幹として、砲兵旅団や自走砲旅団、迫撃砲連隊やロケット発射機連隊、対空師団や工兵旅団などの支援部隊が所属していた。

これに対して狙撃軍は、狙撃軍団3個程度を基幹として、砲兵旅団や迫撃砲連隊、対戦車旅団や対空師団、工兵旅団などの支援部隊が所属していた。

戦車軍と狙撃軍のもっとも大きな違いは、戦場での機動力と打撃力にある。狙撃軍は、徒歩移動の狙撃部隊を主力としており、戦場での機動力が低かった。これに対して戦車軍は、打撃力の大きい戦車軍団を先頭に敵戦線を突破し、高い機動力と地域確保能力をあわせ持つ機械化軍団で突破口の周辺や進撃路の側面などの守りをすばやく固める、といったことができたのだ。

大戦中のソ連軍の攻撃方法を端的にいうと、機動力に優れた機械化部隊などを敵戦線の後方奥深くまで突進させる「縦深突破」を基本としていた。もう少し具体的な例をあげると、狙撃軍が主攻正面以外で敵部隊を拘束してくぎ付けにしつつ、最高司令部直轄の砲兵部隊などを増強した戦車軍あるいは戦車軍団や機械化軍団などを増強した狙撃軍が主攻正面で敵戦線を突破。続いて戦車軍あるいは機械化軍団と騎兵軍団を基幹とする臨時編成の騎兵機械化集団が、敵戦線後方奥深くまで突進して敵主力部隊の包囲殲滅を狙う、といった作戦をとった。

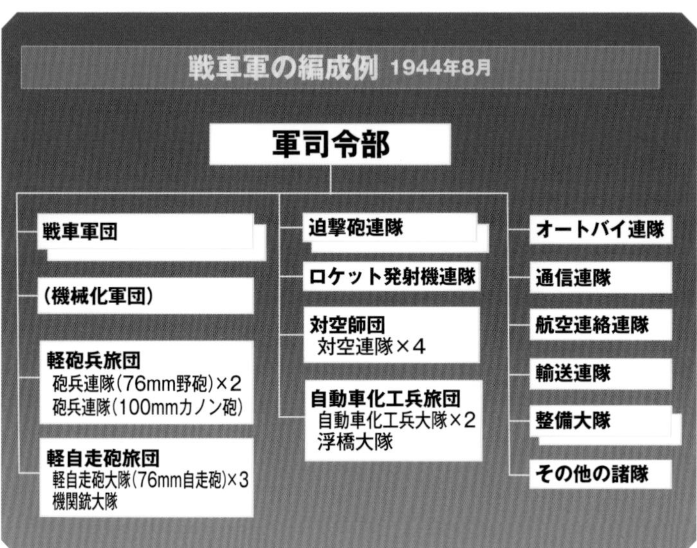
戦車軍の編成例 1944年8月
軍司令部
戦車軍団
(機械化軍団)
軽砲兵旅団
砲兵連隊(76mm野砲)×2
砲兵連隊(100mmカノン砲)
軽自走砲旅団
軽自走砲大隊(76mm自走砲)×3
機関銃大隊
迫撃砲連隊
ロケット発射機連隊
対空師団
対空連隊×4
自動車化工兵旅団
自動車化工兵大隊×2
浮橋大隊
オートバイ連隊
通信連隊
航空連絡連隊
輸送連隊
整備大隊
その他の諸隊

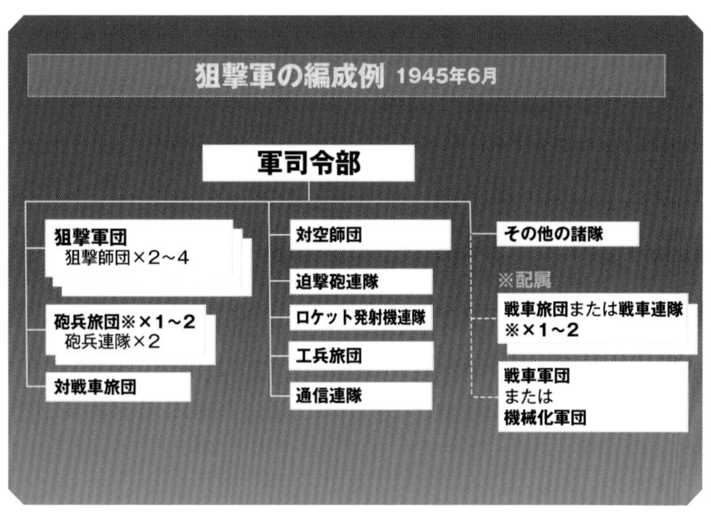
狙撃軍の編成例 1945年6月
軍司令部
狙撃軍団
狙撃師団×2～4
砲兵旅団※×1～2
砲兵連隊×2
対戦車旅団
対空師団
迫撃砲連隊
ロケット発射機連隊
工兵旅団
通信連隊
その他の諸隊
※配属
戦車旅団または戦車連隊
※×1～2
戦車軍団
または
機械化軍団

ソ連軍における狙撃部隊

ZIS-5
トラック

ソ連軍（現代のロシア軍も含め）における狙撃部隊とは、通常の歩兵部隊のことを指し、とくに選抜された射手や特別の訓練を受けた狙撃兵で編成した部隊というわけではない。第二次世界大戦では、ドイツ軍やアメリカ軍のような装甲兵員輸送車をあまり持たず（アメリカからレンドリースされたM3ハーフトラックなどを除く）、機械化部隊ではトラックを主に使用。また、歩兵が戦車の上に跨乗する「タンクデサント」と呼ばれる戦術もしばしば用いられた

軍の規模縮小から師団編制の規模拡大へ

戦車師団と機械化師団の新編

第二次世界大戦直後の1946年、ソ連軍は、大規模な復員を実施して規模を大幅に縮小した。また、従来の戦車軍団や機械化軍団を廃止して、代わりに戦車師団や機械化師団を編成。同時に、戦車軍団や機械化軍団隷下の戦車旅団や自動車化狙撃旅団、機械化旅団も廃止し、戦車師団や機械化師団の隷下に新編の戦車連隊や自動車化狙撃連隊、機械化連隊を置いた。つまり、それまで師団結節の無かった戦車・機械化部隊でも、狙撃師団や騎兵師団と同様に、師団で統一されることになったのだ。

かつての戦車軍団隷下の各自走砲連隊は、戦車師団隷下の各中戦車連隊や重戦車・自走砲連隊の編制内に取り込まれるかたちになった。ただし、戦車師団全体の人員の定数はやや減少して規模が小さくなり、打撃力を強化しつつ扱いやすくなった。

機械化師団は、以前の機械化軍団と比較すると、戦車や自走砲の数は大差ないものの、人員の定数が3/4ほどに減り、以前の機械化軍団よりも規模が小さくなって、こちらも扱いやすくなった。

加えて、狙撃師団も改編され、大戦末期の改編で追加された自走砲大隊が、中戦車・自走砲連隊に強化されて戦車や自走砲による支援能力や対戦車火力が強化された。

さらに狙撃軍団は、場合によっては狙撃師団1個程度が機械化師団に置き換えられるようになった。その場合には、その機械化師団を、予備兵力として前線に迅速に投入したり、突破後に戦果を迅速に拡張したりできるようになったのだ。

戦車師団の編制　1946年

師団司令部

- 中戦車連隊
- 自動車化狙撃連隊
- 重戦車・自走砲連隊
- 迫撃砲連隊(120mm迫撃砲)
- 榴弾砲大隊(122mm榴弾砲)
- ロケット発射機大隊
- 対空連隊
- オートバイ大隊
- 工兵大隊
- 通信大隊
- その他の諸隊

※人員10,659人、中戦車×252(うち重戦車×44)、自走砲×84

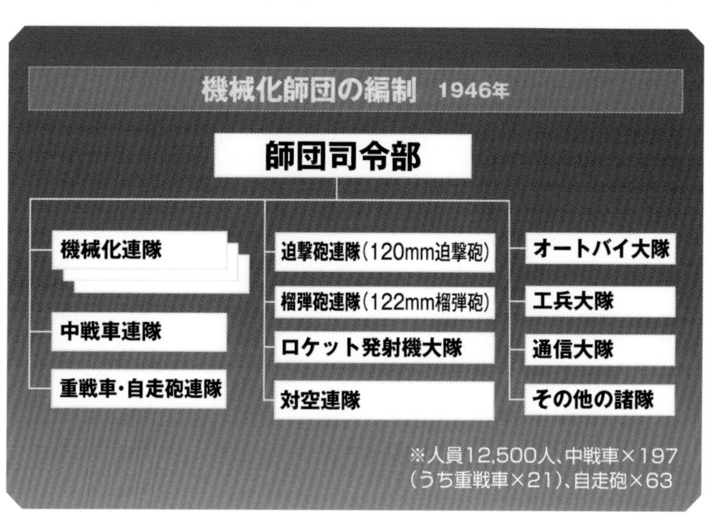

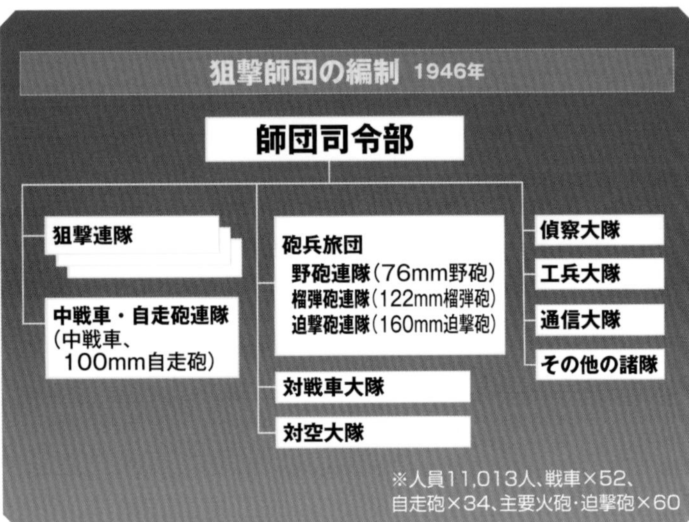

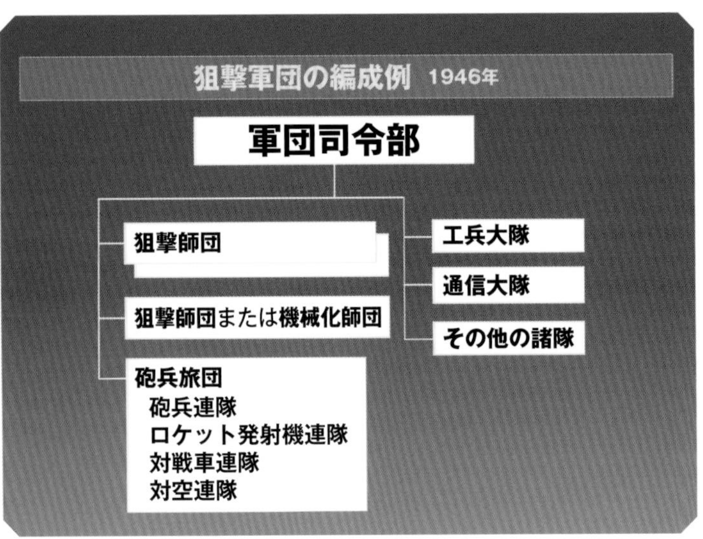

第1講
第2講
第3講
第4講
第5講

機械化軍と諸兵科連合軍の編成

ソ連軍は、前述の師団・軍団レベルでの改編とともに、軍レベルでも改編を実施。従来の戦車軍を機械化軍に、同じく狙撃軍を諸兵科連合軍に、それぞれ改編した。

このうちの機械化軍は、戦車師団2個と機械化師団2個を基幹とするもので、戦車師団の打撃力だけでなく、機械化師団による地域の確保能力も重視したものといえる。この編成は、大戦末期の満州進攻作戦の際にテストされた結果を踏まえたものだ。

一方、諸兵科連合軍は、狙撃軍団3個程度を基幹とすることは従来の狙撃軍と変わらなかったが、前述のように各狙撃軍団が狙撃師団3個または狙撃師団2個と機械化師団1個を基幹とするものになったので、機械化が進展した。

以上、第二次世界大戦直後の改編をまとめると、ソ連軍全体の規模縮小にともなって、大きく数が減少した狙撃師団や狙撃軍団を中心に機械化が進んだ、といえる。

第二次大戦直後のソ連軍の改編

大戦直後、ソ連軍は規模を大幅に縮小。戦車軍団を戦車師団に、機械化軍団を機械化師団に、それぞれ縮小改編して小回り性を向上した。狙撃軍団(他国でいう歩兵軍団)にもしばしば機械化師団を配属。また、戦車軍を機械化軍に、狙撃軍を諸兵科連合軍にそれぞれ改編している

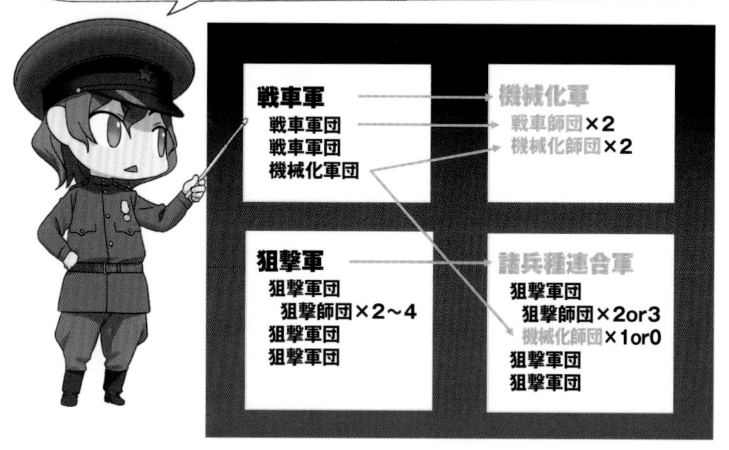

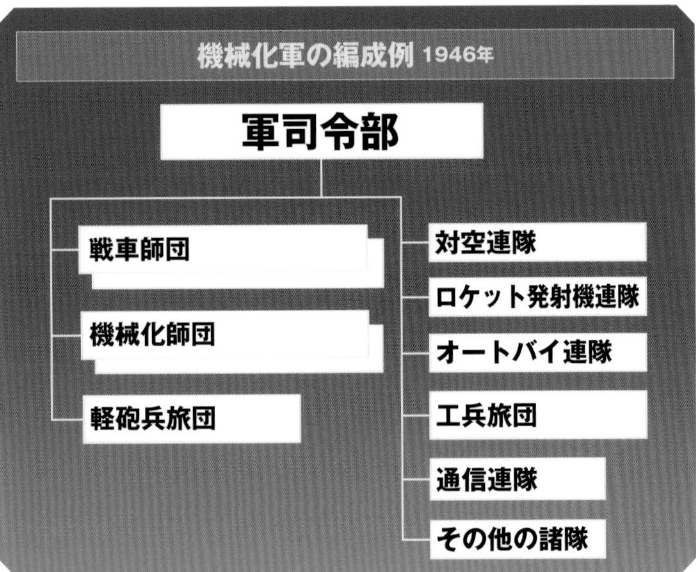
機械化軍の編成例 1946年
軍司令部
戦車師団
機械化師団
軽砲兵旅団
対空連隊
ロケット発射機連隊
オートバイ連隊
工兵旅団
通信連隊
その他の諸隊

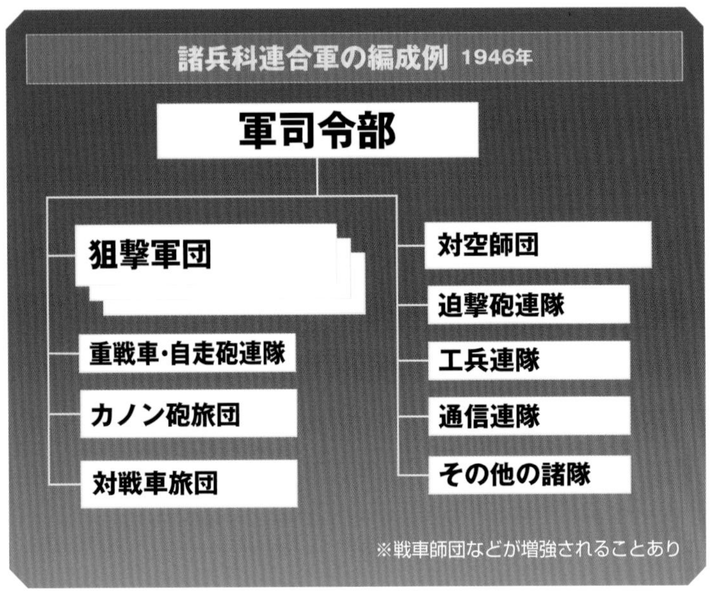
諸兵科連合軍の編成例 1946年
軍司令部
狙撃軍団
重戦車・自走砲連隊
カノン砲旅団
対戦車旅団
対空師団
迫撃砲連隊
工兵連隊
通信連隊
その他の諸隊
※戦車師団などが増強されることあり

戦車師団、機械化師団、狙撃師団の改編

ソ連軍は、前述した大戦終結直後の改編に次いで1954年から、第二次世界大戦中の英雄で国防大臣代理から正式に国防大臣となるゲオルギー・ジューコフ元帥のもとで、各種師団の改編を進めていった。

まず戦車師団では、中戦車連隊や偵察大隊などに新型の中戦車や水陸両用の浮航戦車が配備されるとともに定数が増やされて、師団全体の人員の定数もかなり増加した。

機械化師団でも、同様に戦車連隊に新型の中戦車などが配備されて定数が大幅に増やされた。また重戦車・自走砲連隊にも新型の重戦車が配備されて定数も大きく増やされる一方で自走砲の定数こそ減らされたものの、各機械化連隊に自走砲が配備されるようになった。その結果、師団全体では自走砲の定数がやや減ったものの、中戦車や人員の定数が大幅に増えている。

狙撃師団では、中戦車・自走砲連隊や偵察大隊に新型の中戦車が配備されるとともに定数も増やされて人員の定数も増加。また狙撃軍団

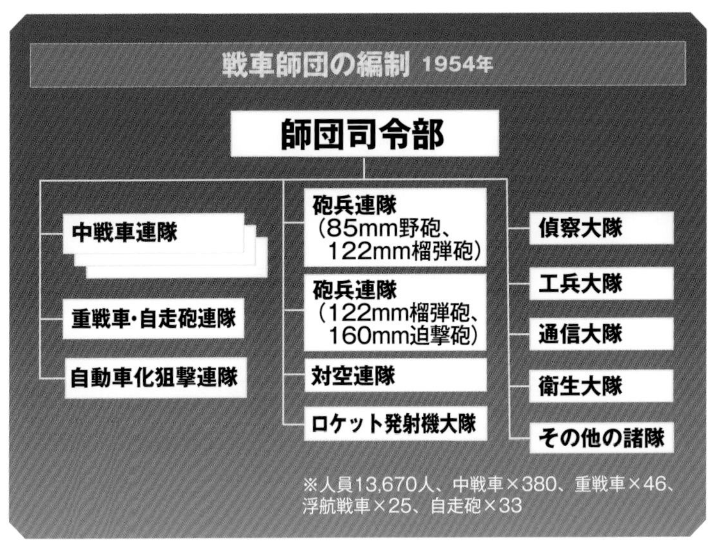

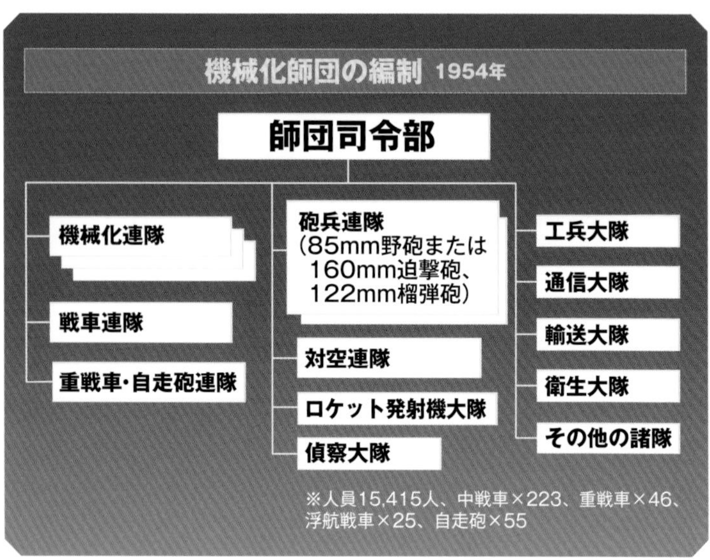

では、この狙撃師団1～2個に加えて機械化師団1個が置かれるようになった。

ただし、軍レベルでは、これまで述べてきた師団の大規模化にともなって戦車・自走砲や人員などの数は増えたものの、編成に関してはそれほど大きな変化はない。

要するにジューコフ時代の改編では、新型の中戦車や浮航戦車の量産の進展とともに、戦車師団や機械化師団がかつての戦車軍団や機械化軍団をリバイバルしたかのような大柄な編制となり、狙撃師団や狙撃軍団では機械化がさらに進んだ、といえる。

1954年以降における各種師団の改編

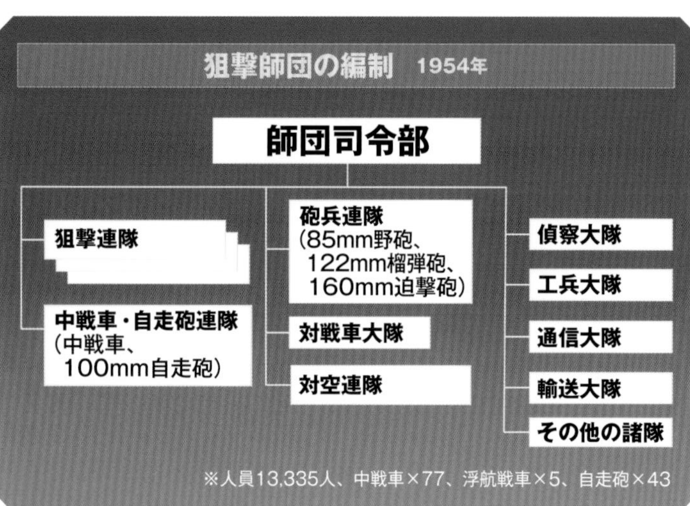
狙撃師団の編制 1954年
師団司令部
狙撃連隊
中戦車・自走砲連隊
(中戦車、
100mm自走砲)
砲兵連隊
(85mm野砲、
122mm榴弾砲、
160mm迫撃砲)
対戦車大隊
対空連隊
偵察大隊
工兵大隊
通信大隊
輸送大隊
その他の諸隊
※人員13,335人、中戦車×77、浮航戦車×5、自走砲×43

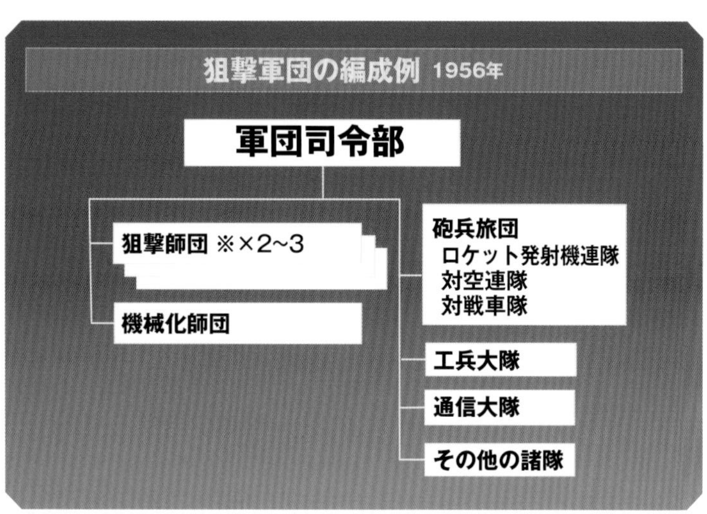
狙撃軍団の編成例 1956年
軍団司令部
狙撃師団 ※×2~3
機械化師団
砲兵旅団
ロケット発射機連隊
対空連隊
対戦車隊
工兵大隊
通信大隊
その他の諸隊

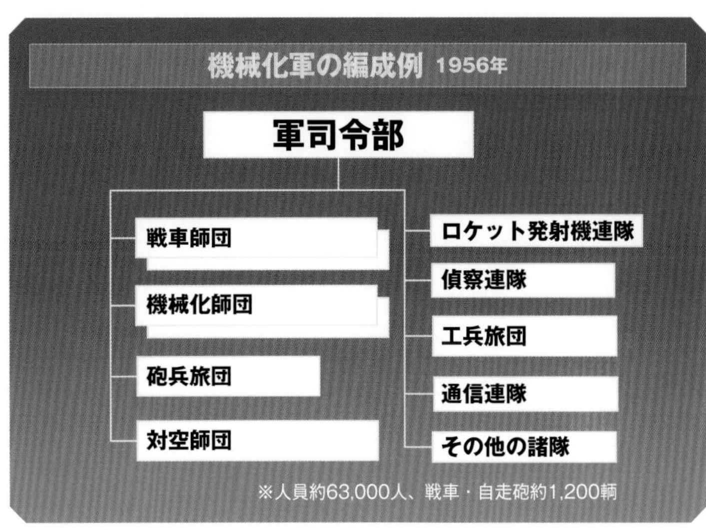
機械化軍の編成例 1956年
軍司令部
戦車師団
機械化師団
砲兵旅団
対空師団
ロケット発射機連隊
偵察連隊
工兵旅団
通信連隊
その他の諸隊
※人員約63,000人、戦車・自走砲約1,200輌

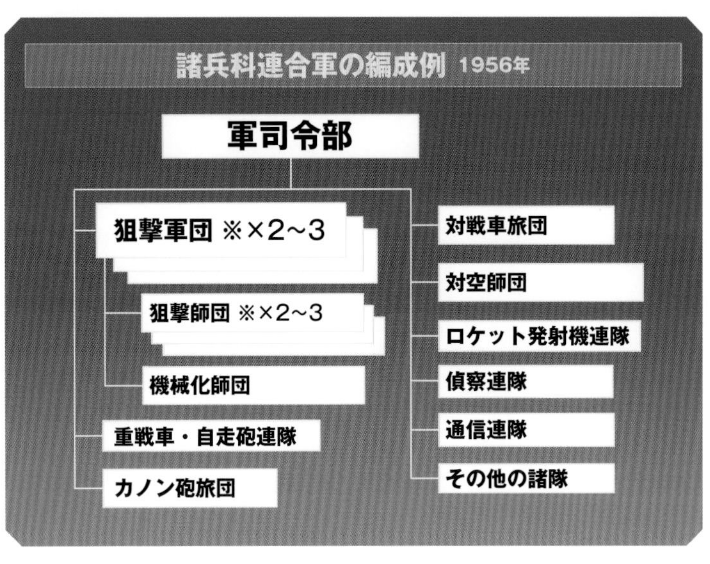
諸兵科連合軍の編成例 1956年
軍司令部
狙撃軍団 ※×2~3
狙撃師団 ※×2~3
機械化師団
重戦車・自走砲連隊
カノン砲旅団
対戦車旅団
対空師団
ロケット発射機連隊
偵察連隊
通信連隊
その他の諸隊

核戦争を考慮した師団編制の規模縮小

戦車師団の縮小と自動車化狙撃師団の新編

1957年には、同じく第二次世界大戦中の英雄であるロディオン・マリノフスキー元帥がジューコフ元帥の後任の国防大臣となり、1961年から1963年にかけて、核戦争を強く意識した師団の改編を進めていった。

まず戦車師団では、戦車連隊や砲兵連隊がそれぞれ1個ずつ削減されて戦車や人員の定数がかなり減らされるなど、規模が大幅に縮小されて小回りが利くようになっている。

また、規模が大きく重装備の機械化師団と、機械化されていない比較的軽装備の狙撃師団が統合されて、打撃力と機動力をバランスよく兼ね備えた自動車化狙撃師団に統一された。さらに狙撃軍団が廃止されるとともに、わずかに残っていた騎兵師団も完全に廃止された。

新編の自動車化狙撃師団は、おもに装輪式の装甲兵員輸送車に乗る自動車化狙撃連隊3個と中戦車連隊1個を基幹とする諸兵種連合の機械化部隊で、師団全体の定数は人員1万3150人、中戦車210輌、浮航戦車17輌、122/152mm自走砲10輌。各自動車化狙撃連隊には支援の戦車大隊が1個所属しており、連隊全体の戦車の定数は中戦車32輌、浮航戦車3輌と、かなりの戦車戦力を持っていた。

諸兵科連合軍の改編と戦車軍の復活

また軍レベルでも、核戦争を意識した大がかりな改編が行なわれた。

まず数の上で主力だった諸兵科連合軍は、自動車化狙撃師団3～4個および戦車師団1個程度を基幹とするものに改編された。従来の諸兵科連合軍に比べると規模が大幅に縮小されたものの、かつての狙撃軍団（狙撃師団2～3個および機械化師団1個程度を基幹とする）に比べると機動力や打撃力が大幅に向上している。

加えて、戦車師団と機械化師団各2個程度を基幹とする機械化軍が

戦車師団の編制 1958年

師団司令部

- 中戦車連隊
- 重戦車連隊
- 自動車化狙撃連隊
- 砲兵連隊（122mm榴弾砲）
- 自走砲大隊（122mm自走砲/152mm自走砲）
- ロケット発射機大隊
- 対空連隊
- 偵察大隊
- 工兵大隊
- 通信大隊
- 自動車輸送大隊
- 衛生大隊
- その他の諸隊

※人員10,630人、中戦車×254、重戦車×95、浮航戦車×17、自走砲×52

自動車化狙撃師団の編制 1958年

師団司令部

- 自動車化狙撃連隊
- 中戦車連隊
- 砲兵連隊（85mm野砲、122mm榴弾砲、160mm迫撃砲）
- ロケット発射機大隊
- 対空連隊
- 偵察大隊
- 工兵大隊
- 通信大隊
- 自動車輸送大隊
- 衛生大隊
- その他の諸隊

※人員13,150人、中戦車×210、浮航戦車×17、自走砲×10

廃止されるとともに、戦車師団4個程度を基幹とする戦車軍が復活した。

ここでソ連軍の戦い方を見てみると、1960年頃から、敵の核攻撃によって多くの部隊が一度に撃破されるのを防ぐため、各部隊がより広い範囲に展開して従来以上に機動力を活かして戦うようになった。

ただし、ソ連軍のドクトリンは、第二次世界大戦前に確立した「縦深作戦」を基本とするものであり、これを1991年のソ連崩壊まで発展させ続けていくことになる[*1]。そして、この「縦深作戦」ドクトリンでは、攻撃時には軍レベルの大規模な突破を考えており、それに必要な強力な打撃力を持つ戦車軍が求められた、というわけだ。

まとめると、この時期のソ連軍は、核戦争に対応するため、非機械化師団の機械化を一挙に進めるとともに、各師団や諸兵科連合軍の規模を縮小して小回り性を向上。その中で大規模な突破に必要な打撃力を確保するため、戦車師団を集中した戦車軍を復活させた、といえる。

ちなみにアメリカ軍も、ほぼ同じ時期に核戦争に対応した改編を実施しているが、おもな目的は同じでも、その内容は大きく異なっている（第4講を参照）。具体的には、ソ連軍では、前述のように師団レベルでの改編と連動して軍レベルでも明確な運用方法（おもに戦車師団の集中による敵戦線の突破）とセットで大がかりな改編が行なわれたのに対して、アメリカ軍では師団の改編と連動するかたちで軍団や軍レベルで明確な運用方法とセットで大規模な改編を行なうようなことはなかった、といえる。

*1：ソ連軍の「縦深作戦」の詳細については、『イラストでまなぶ！ 用兵思想入門 現代編』の第1講を参照。

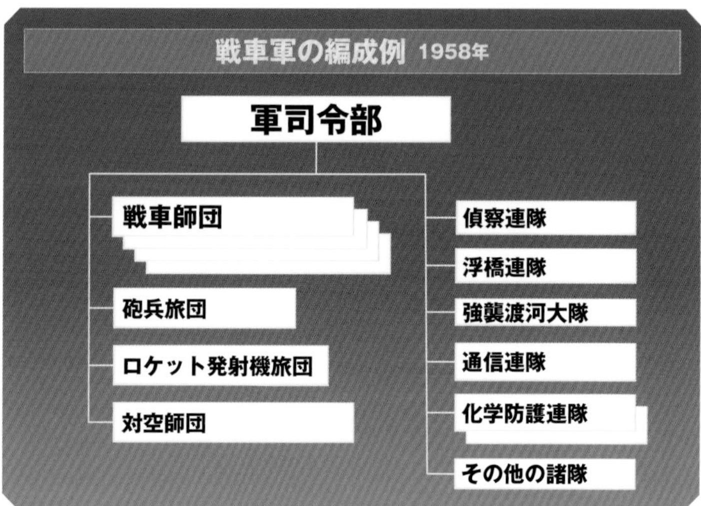
戦車軍の編成例 1958年
軍司令部
戦車師団
砲兵旅団
ロケット発射機旅団
対空師団
偵察連隊
浮橋連隊
強襲渡河大隊
通信連隊
化学防護連隊
その他の諸隊

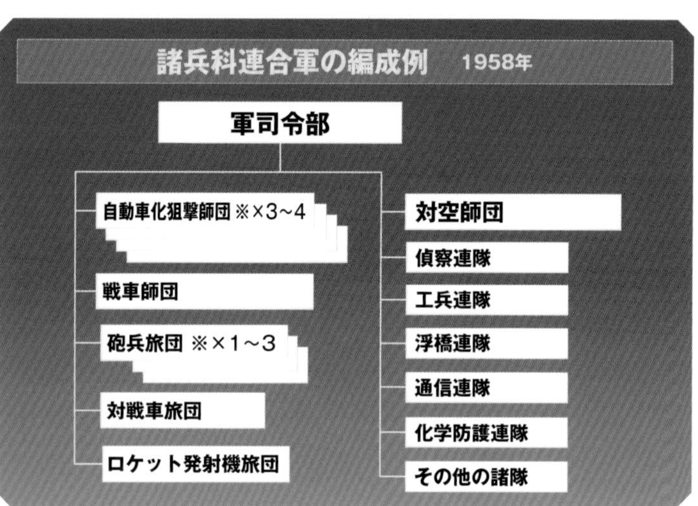
諸兵科連合軍の編成例 1958年
軍司令部
自動車化狙撃師団 ※×3~4
戦車師団
砲兵旅団 ※×1~3
対戦車旅団
ロケット発射機旅団
対空師団
偵察連隊
工兵連隊
浮橋連隊
通信連隊
化学防護連隊
その他の諸隊

戦車師団の編制 1961年

師団司令部

- 中戦車連隊
- 重戦車連隊
- 自動車化狙撃連隊
- 砲兵連隊（122mm榴弾砲）
- 自走砲大隊（122mm自走砲/152mm自走砲）
- ロケット発射機大隊
- 対空連隊
- 偵察大隊
- 工兵大隊
- 通信大隊
- 衛生大隊
- その他の諸隊

※人員10,857人、中戦車×253、重戦車×95、浮航戦車×22、自走砲×52

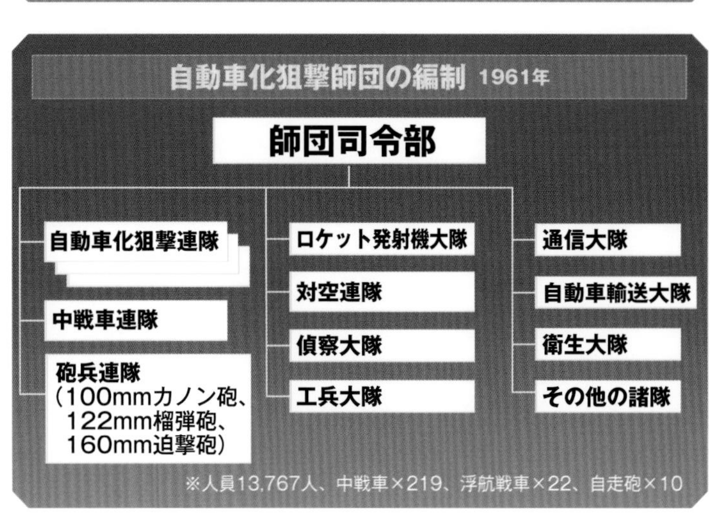

通常戦争を考慮した改編と装備の近代化

戦車師団や自動車化狙撃師団の小型化

1964年にミサイル兵器を重視していたソ連首相のニキータ・フルシチョフが失脚したのち、ソ連軍は1960年代の終わり頃から、全面核戦争に至る前段階としての通常戦争や、核兵器を使わない通常戦争も考慮するようになった。

そしてフルシチョフの次にソ連共産党のトップである第一書記（1966年に書記長に改称）となったレオニード・ブレジネフの後押しで、通常戦力の増強に力を注ぐようになり、戦車師団や自動車化狙撃師団の増設とともに、戦車や自走砲など各種の新型戦闘車輌の配備を進めていった。

とくに1966年に登場した歩兵戦闘車BMP-1は、全装軌式で乗員3名と歩兵8名が乗車し、従来の装輪式の装甲兵員輸送車を上回る高い不整地走破能力と強力な武装を備えていた。また、放射性物質に汚染された地域内でも、密閉された車内の歩兵が車体の各部に設けられた銃眼から携行する小火器で車外を射撃可能な「乗車戦闘能力」を備えていた。このBMP-1は、当時の西側の主要国軍の関係者に「BMPショック」と呼ばれるほどの強い衝撃を与えている。

そしてソ連軍は、1960年代後半に戦車師団や自動車化狙撃師団の改編を実施。新型の地対地ロケット（NATO[*1]側ではフリー・ロケット・オーバー・グラウンドを略してFROGと呼んだ）の発射機大隊を追加する一方で、重戦車の廃止と中戦車への一本化にともなう定数の減少などによって、師団全体の規模は小さくなった。

まとめると、歩兵戦闘車など新型の戦闘車輌の配備による機動力や打撃力の向上に加えて、師団の小型化を進めて小回り性をさらに向上させたのだ。

*1：北大西洋条約機構。アメリカや西欧諸国などで発足した軍事同盟。

師団の小型化と新装備

1960年代後半になると通常戦力の増強に力が注がれるようになり、歩兵戦闘車や地対地ロケットなどの新装備を配備。これらにより機動力や打撃力を向上させつつ、師団を小型化して小回り性をさらに向上させた

BMP-1
歩兵戦闘車

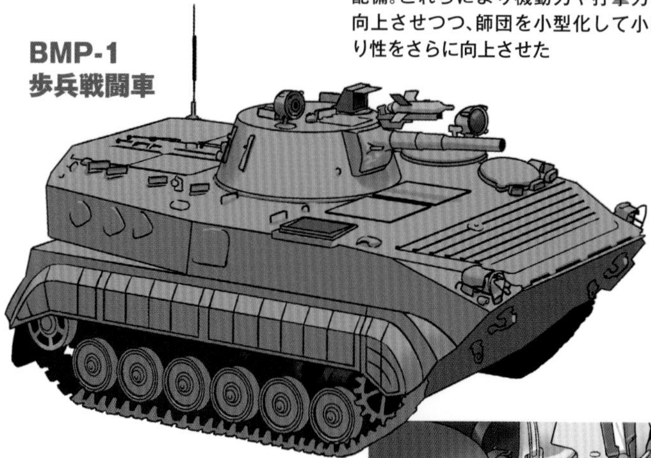

BMP-1は、歩兵戦闘車の先駆けといえる車輌で、戦車に随伴可能な不整地踏破能力を持ち、放射性物質で汚染された地域においても歩兵の乗車戦闘が可能となった

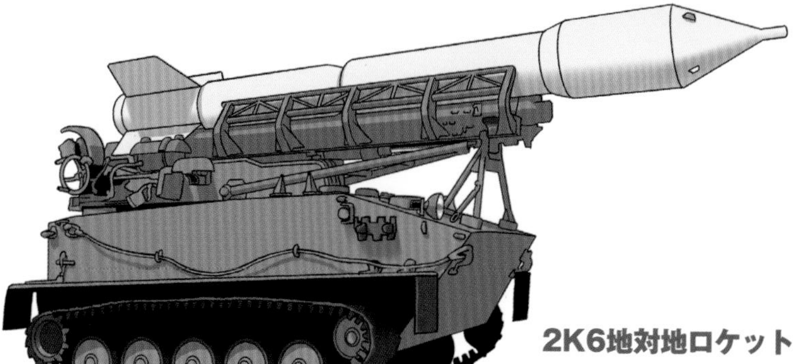

2K6地対地ロケット

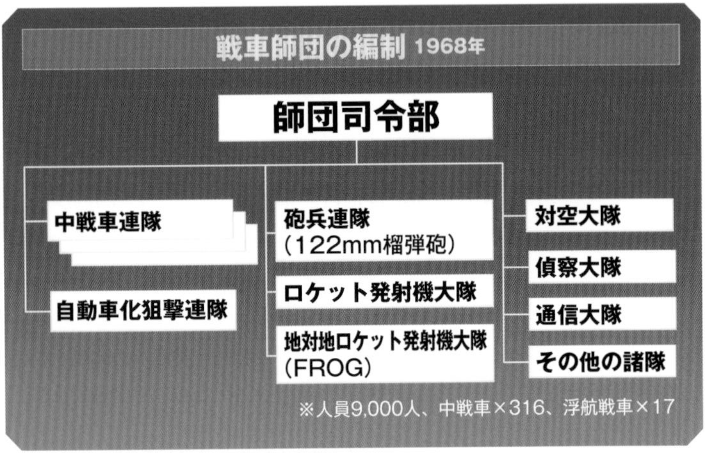

第1講
第2講
第3講
第4講
第5講

戦車師団の編制 1968年

師団司令部

- 中戦車連隊
- 自動車化狙撃連隊
- 砲兵連隊（122mm榴弾砲）
- ロケット発射機大隊
- 地対地ロケット発射機大隊（FROG）
- 対空大隊
- 偵察大隊
- 通信大隊
- その他の諸隊

※人員9,000人、中戦車×316、浮航戦車×17

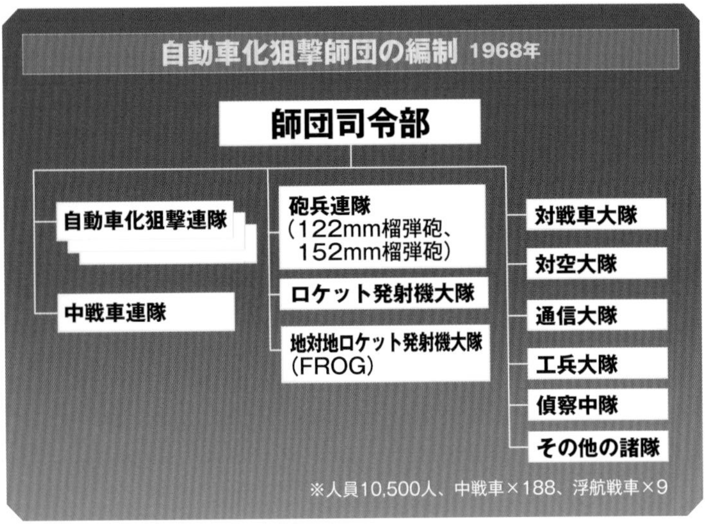

自動車化狙撃師団の編制 1968年

師団司令部

- 自動車化狙撃連隊
- 中戦車連隊
- 砲兵連隊（122mm榴弾砲、152mm榴弾砲）
- ロケット発射機大隊
- 地対地ロケット発射機大隊（FROG）
- 対戦車大隊
- 対空大隊
- 通信大隊
- 工兵大隊
- 偵察中隊
- その他の諸隊

※人員10,500人、中戦車×188、浮航戦車×9

戦車軍や諸兵科連合軍の改編

1980年代後半、ソ連軍は、戦車師団や自動車化狙撃師団を改編し、打撃力や機動力をさらに強化した。まず戦車師団は、戦車の定数こそ大きな変動が無かったものの、歩兵戦闘車に乗る狙撃部隊を増強して、人員の定数がかなり増加。また自動車化狙撃師団も、師団直轄の戦車大隊や地対地ミサイル大隊を追加するなどして、戦車や人員の定数が増えた。

そして師団レベルの改編とともに、軍レベルの編成も大きく変化した。戦車軍は、戦車師団2～4個と自動車化狙撃師団1～2個程度を基幹とするものになり、諸兵科連合軍は自動車化狙撃師団2～4個と戦車師団1～2個を基幹とするものになった。つまり、戦車軍と諸兵科連合軍の差は戦車師団と自動車化狙撃師団の比率がやや異なる程度で、いずれも打撃力と機動力を高いレベルで兼ね備えた強力な機甲部隊となったのだ（同時期のアメリカ陸軍では「師団86」の機甲師団と機械化師団の編制の差異が戦車大隊と機械化歩兵大隊の比率程度だったことを連想させる）。

そして戦い方も、かつてのように敵戦線の特定地点の突破をひたすら目指すのではなく、比較的広い正面で攻勢に出て敵の弱点や隙を探

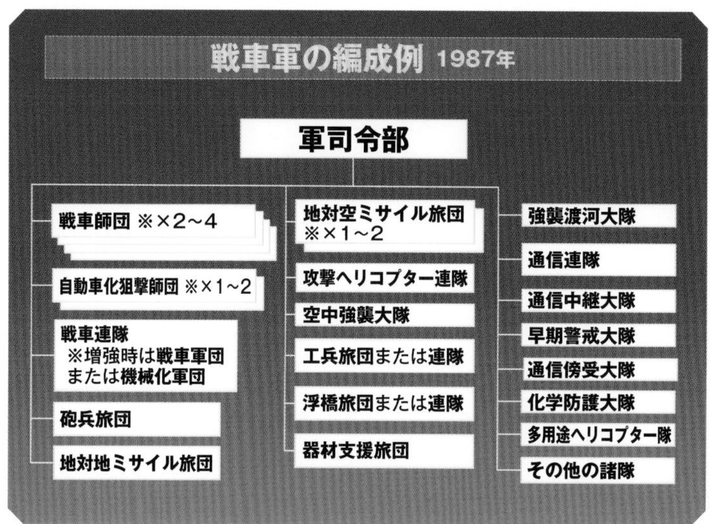

諸兵科連合軍の編成例 1987年

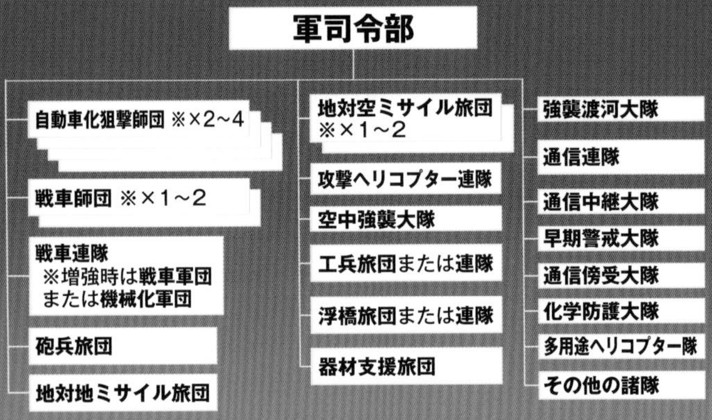

軍司令部

- 自動車化狙撃師団 ※×2~4
- 戦車師団 ※×1~2
- 戦車連隊 ※増強時は戦車軍団または機械化軍団
- 砲兵旅団
- 地対地ミサイル旅団
- 地対空ミサイル旅団 ※×1~2
- 攻撃ヘリコプター連隊
- 空中強襲大隊
- 工兵旅団または連隊
- 浮橋旅団または連隊
- 器材支援旅団
- 強襲渡河大隊
- 通信連隊
- 通信中継大隊
- 早期警戒大隊
- 通信傍受大隊
- 化学防護大隊
- 多用途ヘリコプター隊
- その他の諸隊

戦車師団の編制 1987年

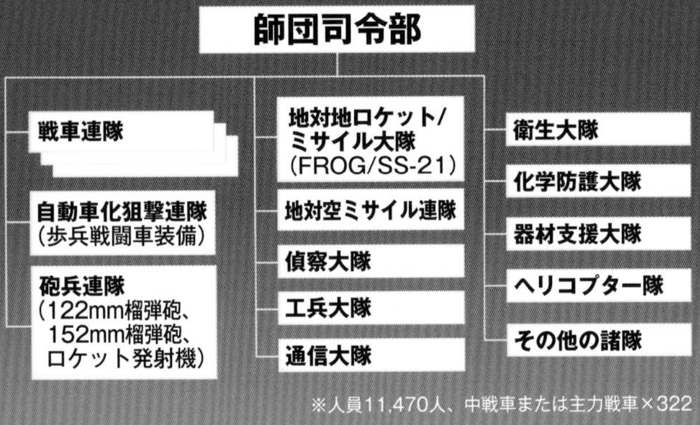

師団司令部

- 戦車連隊
- 自動車化狙撃連隊(歩兵戦闘車装備)
- 砲兵連隊(122mm榴弾砲、152mm榴弾砲、ロケット発射機)
- 地対地ロケット/ミサイル大隊(FROG/SS-21)
- 地対空ミサイル連隊
- 偵察大隊
- 工兵大隊
- 通信大隊
- 衛生大隊
- 化学防護大隊
- 器材支援大隊
- ヘリコプター隊
- その他の諸隊

※人員11,470人、中戦車または主力戦車×322

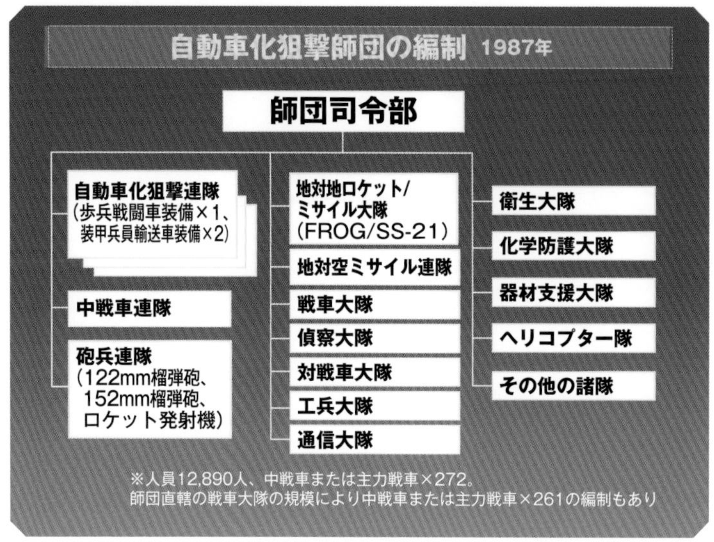

り突破していくといった、より柔軟な攻撃方法の訓練が行なわれるなどの変化が出てきた。

作戦機動グループ（OMG）の編成

1980年代には、戦車軍や後述する戦車軍団などを基幹として、落下傘降下できる空挺師団やヘリコプターで機動する空中機動部隊などを統合した、とくに高い機動力を持つ「作戦機動部隊」（英語でオペレーショナル・マニューバー・グループ、略してOMG）を臨時に編成。とくにヨーロッパ正面では、このOMGをNATO軍戦線の後方奥深くまで迅速に進撃させて、特殊作戦部隊（スペツナズ）などによるNATO軍の核関連施設への急襲とあわせて、NATO軍による戦術核兵器の使用阻止を狙うようになった。

作戦機動グループ（OMG）

ソ連軍は冷戦期の1980年代、戦車軍や戦車軍団などを基幹に空挺部隊や空中機動部隊などを編合した高い機動力を持つ「作戦機動グループ（OMG：Operational Maneuver Group）」を臨時に編成。とくにヨーロッパ正面では、このOMGをNATO軍戦線の後方奥深くまで迅速に進撃させる構想があった

このOMGの急速な前進と、特殊作戦部隊（スペツナズ）などによるNATO軍の核関連施設への急襲によって、NATO軍の戦術核兵器の使用を阻止することも考えられていた

軍OMGの編成例 1987年

戦車軍団または機械化軍団

- 戦車旅団※×2～3
- 自動車化狙撃旅団
- その他の支援部隊

※OMGの「旅団」や「軍団」は、通常の編制単位ではなく、特殊な任務を与えられた部隊を指すソ連軍独特の用法。

このOMGの編成例をあげると、諸兵科連合軍でOMGとして運用される戦車軍団および機械化軍団は、戦車旅団2~3個と自動車化狙撃旅団2個および支援部隊からなり、戦車数は350~450輌ほどになる。また、方面軍でOMGとして運用される戦車軍は、戦車軍団または機械化軍団3~4個を含み、戦車数は1000~1400輌にも達する。

ひとつ注意してほしいのは、ここでいう「旅団」や「軍団」は、建制の編制単位ではなく、OMGを含む特殊な任務を与えられた部隊を指すソ連軍独特の用法による呼称、ということだ。

作戦次元に対応する軍レベルの改編

では、ここで第二次世界大戦後のソ連軍の改編全体を振り返っておこう。

大戦後のソ連軍は、ライバルであるアメリカ軍と同様に師団レベルでの改編を重ねているのだが、それと連動して軍レベルでも明確な運用方法とセットで大がかりな改編を行なっている点についてはアメリカ軍と大きく異なる。

このような差異が生じた理由としては、ソ連軍が第二次世界大戦前からマクロな「戦略」とミクロな「戦術」をつなぐ「作戦術」を明確に言語化していたことがあげられる。ソ連軍は、ミクロな「戦術次元」を超える「作戦次元」での大規模な突破からマクロな「戦略次元」での目標の達成につなげることを考えており、その「作戦次元」に対応している軍レベルの編成に対する関心が高かったといえるのだ[*1]。

*1:「戦略次元」>「作戦次元」>「戦術次元」という「戦争の階層構造」については、『イラストでまなぶ!用兵思想入門 現代編』の第1講を参照。

ソ連の崩壊とロシア軍の再建

ロシア軍の大幅な縮小と旅団化

1991年、ソ連は崩壊し、冷戦は終結。ソ連軍を中核とするワルシャワ条約機構軍の長年のライバルであったNATO軍の兵力は、在欧アメリカ軍も含めて大幅に削減されることになった。

対するロシア軍も、冷戦時代に想定されていたようなNATO軍との大規模な正規戦ではなく、地域紛争や局地的な不正規戦への対処を重視するようになった。

そして2008年から、アナトリー・セルジュコフ国防大臣の下で大規模な軍の改革を段階的に実施。平時は兵員が充足されず有事に充足される動員師団を全廃し、残りの部隊は平時から兵員が充足される体制になった。また、2万輌以上が配備されていた戦車のうち約2500輌だけを現役に残して、それ以外は予備車輌として保管するようになった。さらに戦闘部隊の基本単位は、（ごく一部の例外を除いて）従

自動車化狙撃旅団の編制 2009年

旅団司令部
および司令部中隊

自動車化狙撃大隊	対戦車大隊	通信大隊
戦車大隊	対空指揮レーダー小隊	整備大隊
砲兵指揮偵察中隊	地対空ミサイル大隊	器材支援大隊
自走砲大隊	地対空ミサイル砲兵大隊	電子戦中隊
多連装ロケット発射機大隊	偵察中隊	衛生中隊
	工兵大隊	化学防護中隊
		その他の諸隊

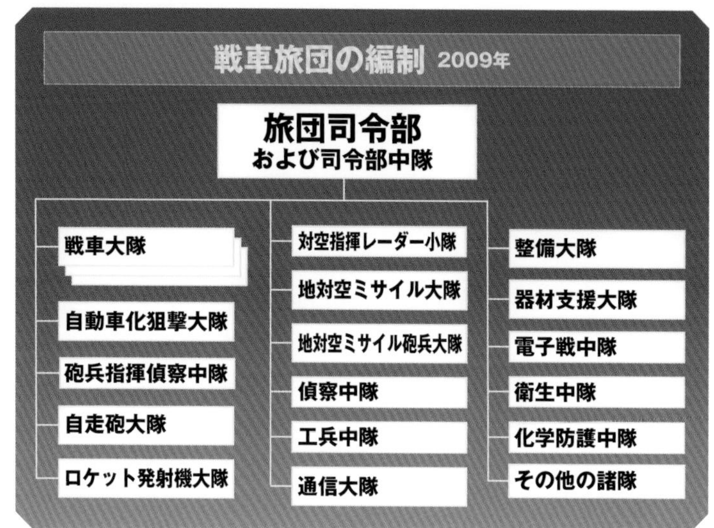

来の師団から旅団（人員約3500人）に縮小された。こうした改革によって、たとえばロシア軍の戦車旅団は一時わずか4個にまで減っている。

付け加えておくと、冷戦後の西側の主要各国でも、師団ではなく（第4講で見たアメリカ軍の旅団戦闘団のように）旅団を事実上の基本単位にした軍隊が少なくなかった。

戦車師団や自動車化狙撃師団、戦車軍の復活

その後、天然資源の価格上昇やロシア経済の回復などを背景に、ロシア軍は、2013年には戦車師団と自動車化狙撃師団各1個を復活させ、2014年には第1親衛戦車軍（1999年に廃止されていた）を復活させるなど、戦力の増強を続けていった。

そして2014年のクリミア危機や同年に始まったウクライナ東部紛争では、正規のロシア軍部隊に加えて、現地の傀儡政権の軍隊や非正規の武装組織、ロシア国内では非合法という建前になっている民間軍事会社など、公然および非公然の軍事、準軍事、民間の幅広い手段を組み合わせて戦う「ハイブリッド戦争」を展開して、西側の

軍事関係者の注目を集めた*1。

その中で、正規のロシア軍部隊の編成関連でとくに注目を集めたのが、大隊戦闘群（英語でバタリオン・タクティカル・グループ、略してBTG）だ。

*1：ハイブリッド戦争の詳細は『イラストでまなぶ！用兵思想入門 現代編』の第3講を参照。

大隊戦術群（BTG）の編成

BTGは、前述したロシア軍の改革の中で部隊の基本単位となった旅団から派出される自動車化狙撃大隊などを基幹として、臨時に編成される増強大隊規模の諸兵種連合部隊のことだ。

具体的な編成例としては、自動車化狙撃大隊（自動車化狙撃中隊3個）を基幹として、戦車中隊、対戦車中隊、自走砲中隊3個（多連装ロケット発射機を含む）、対空中隊2個などを編合したものなどがあげられる。

このBTGは、ウクライナ東部紛争でウクライナ軍の対テロ作戦部隊に大きな打撃を与えたほか、中東のシリアなどでも実戦に投入されて戦果をあげた（ただし撃破されることもあった）。

そしてBTGは、主力戦車を装備する戦車部隊を含んでおり、瞬間的ながら大きな砲兵火力を発揮できるなど、たとえばアメリカ陸軍の歩兵旅団戦闘団やストライカー旅団戦闘団（第4講を参照）と比較しても優れている点があり、アメリカ軍にも大きな脅威と認識されるようになった。

だが、2022年2月に始まったウクライナへの全面侵攻作戦では、とくに作戦初期のキエフ方面などで、ロシア軍の事実上の基本的な部隊単位となっていたBTGが大きな損害を出している。

その原因としては、BTGそのものに関しては大隊長クラスの指揮能力や編成内の歩兵戦力の不足と諸兵種の連携の悪さ、師団や軍などもう少し上のレベルでは準備不足を含む兵站機能の不全などが指摘されている。

大隊戦術群（BTG）

大隊戦術群（BTG）の編成例 2014年

BTG本部
自動車化狙撃大隊本部を増強したもの

- 自動車化狙撃大隊
  - 自動車化狙撃中隊
- 戦車中隊
- 対戦車中隊
- 自走砲中隊（152mm自走砲×2、多連装ロケット発射機×1）
- 対空中隊

第5講まとめ -1-

①第二次世界大戦直後、ソ連軍全体の規模縮小にともなって機械化が進展。ジューコフ国防大臣の時代には、戦車師団や機械化師団が大柄な編制となり、狙撃師団や狙撃軍団の機械化がさらに進んだ。

②1960年代初めから、核戦争に対応して、非機械化師団を一挙に機械化し、各師団や諸兵科連合軍の規模を縮小。その中で突破に必要な打撃力を確保するため、戦車軍を復活させた。

③1960年代終盤から、通常戦争も考慮して、新型車輌による機動力や打撃力の向上に加えて、師団を小型化して小回り性を向上。戦車軍や諸兵科連合軍を打撃力と機動力を兼ね備えた強力な機甲部隊とした。

第5講まとめ -2-

④ 1980年代には、戦車軍などを基幹とする「作戦機動部隊」（OMG）を臨時に編成。その突進と特殊作戦部隊（スペツナズ）などによる急襲とあわせて、NATO軍の戦術核兵器の使用阻止を狙うようになった。

⑤ 1991年にソ連が崩壊。ロシア軍は、基本単位を師団から旅団に縮小した。のちに戦車師団や戦車軍などを復活させ、2014年にはクリミア半島などで「ハイブリッド戦争」を展開。大隊戦術群（BTG）が注目を集めたものの、ロシア・ウクライナ戦争では大きな損害を出している。

あとがきにかえて

■さまざまな変化に対応した改編

最後に、全体をざっと振り返ってみよう。

18 世紀にフランスで、単独で行動中に敵部隊と遭遇しても独力で戦闘を行なえるように、歩兵、騎兵、砲兵などの特徴や機能が異なる兵種を組み合わせた手頃な規模の諸兵種連合部隊として考案された師団は、やがて世界各国の陸軍で基本的な編制単位となっていった。

第一次世界大戦までの主要各国の陸軍では、数のうえでの主力は歩兵を主力とする歩兵師団だった。歩兵師団では、主力の歩兵連隊とそれを支援する砲兵連隊や工兵大隊などさまざまな兵種の部隊が編合されており、基本的には歩兵連隊の数と、砲兵連隊隷下の砲兵大隊や工兵大隊隷下の工兵中隊などの支援部隊の数が合致するように編成されていた。

その第一次世界大戦の末期に、近代的な戦車が登場。第二次世界大戦前には、いくつかの国の軍隊で戦車や自動車などを装備した諸兵種連合の機械化部隊が編成されはじめた。そして第二次世界大戦では、主要各国軍で戦車部隊を主力とする諸兵種連合部隊である機甲師団（装甲師団、戦車師団など国によって名称は異なる）が編成されて、大きな活躍を見せている（ただし数の上での主力はいまだに歩兵師団だった）。

第二次世界大戦後は、アメリカを中心とする西側陣営と、ソ連を中心とする東側陣営が対峙する「冷戦」が始まった。そして米ソ両軍は、核兵器や精密誘導兵器、情報通信機器など各種の軍事技術の発達、それにともなうドクトリンなど運用思想の変化などに応じて、師団や軍などの改編を重ねていった。

冷戦終結後は、東西両陣営間の大規模な正規戦の可能性が低下し、米露両軍も一時は局地紛争や不正規戦への対応を重視するようになった。

だが、近年はふたたび大規模な正規戦を重視して、それに応じた部隊の改編を行なっている。

■編制や編成から見えてくるもの

そもそも、これらの改編には何らかの意図があり、それによって達成したい目的がある。具体的な例をあげると、戦車部隊と歩兵部隊の比率をより適切なものにしたいとか、戦況の変化により柔軟に対応できるようにしたいとか、敵の核兵器で一挙に撃破されないようにより分散して戦えるようにしたいとか、遠隔地での地域紛争に迅速に介入できるようにしたいとか、電磁波領域や宇宙領域なども含めてさまざまな領域（ドメイン）で戦えるようにしたい、といったことだ。

そして今後も、世界各国の軍隊が、新たな意図に基づいて新しい目的を達成するために部隊の改編を行なっていくはずだ。逆にいうと、そういった部隊の編制や編成を見ることによって、その意図や目的を探ることもできるのだ。

本書がそうした考察の入口になれば、筆者として幸いに思う。

田村尚也

※本書は月刊『アームズマガジン』2023年1月号から11月号に掲載された「現代軍の編制入門」に加筆訂正を加えてまとめたものです。

イラストでまなぶ！用兵思想入門 編制編　2024年3月29日 初版発行

■テキスト
田村尚也

■コミック
ヒライユキオ

■デザイン
内田正晴（WHEELERS）
大里奈津美（WHEELERS）

編集人　中嶋 悠
発行人　松下大介
発行所　株式会社ホビージャパン
〒151-0053 東京都渋谷区代々木2丁目15番地8号
TEL 03-5304-7603（編集）
TEL 03-5304-9112（営業）

印刷所：株式会社広済堂ネクスト

乱丁·落丁（本のページの順序間違いや抜け落ち）は購入された店舗名を明記して当社出版営業課までお送りください。送料は当社負担でお取り替えいたします。但し、古書店で購入したものについてはお取り替え出来ません。

ISBN978-4-7986-3489-0 C0076